手绘新编自然灾害防范百科

ShouHuiXinBianZiRanZaiHaiFangFanBaiKe

海啸防范百科

谢　宇　主编

西安电子科技大学出版社

内 容 简 介

本书是国内迄今为止较为全面的介绍海啸识别防范与自救互救的普及性图文书，主要内容包含认识海啸、海啸的预防、海啸发生时的防范和救助技巧等。本书内容翔实，全面系统，观点新颖，趣味性、可操作性强，既适合广大青少年课外阅读，也可作为教师的参考资料，相信通过本书的阅读，读者朋友可以更加深入地了解和更加轻松地掌握海啸的防范与自救知识。

图书在版编目（CIP）数据

海啸防范百科 / 谢宇主编. -- 西安 : 西安电子科技大学出版社，2013.8（2018.12重印）

ISBN 978-7-5606-3190-5

Ⅰ. ①海… Ⅱ. ①谢… Ⅲ. ①海啸－灾害防治－青年读物 ②海啸－灾害防治－少年读物 Ⅳ. ① P731.25-49

中国版本图书馆CIP数据核字（2013）第204557号

策　　划　罗建锋
责任编辑　马武装
出版发行　西安电子科技大学出版社（西安市太白南路2号）
电　　话　(029)88242885　88201467　　邮　　编　710071
网　　址　www.xduph.com　　电子邮箱　xdupfxb001@163.com
经　　销　新华书店
印刷单位　滨州传媒集团印务有限公司
版　　次　2013年10月第1版　2018年12月第2次印刷
开　　本　230毫米×160毫米　1/16　印　张　11.5
字　　数　220千字
印　　数　5001～15 000册
定　　价　29.80元

ISBN 978-7-5606-3190-5

前言 preface

自然灾害是人类与自然界长期共存的一种表现形式，它不以人的意志为转移、无时不在、无处不在，迄今为止，人类还没有能力去改变和阻止它的发生。短短五年时间，四川先后经历了“汶川”“雅安”两次地震。自然灾害给人们留下了不可磨灭的创伤，让人们承受了失去亲人和失去家园的双重打击，也对人的心理造成不可估量的伤害。

灾难是无情的，但面对无情的灾难，我们并不是束手无策，在自然灾难多发区，向国民普及防灾减灾教育，预先建立紧急灾难求助与救援沟通程序系统，是减小自然灾难伤亡和损失的最佳方法。

为了向大家普及有关地震、海啸、洪水、风灾、火灾、雪暴、滑坡和崩塌，以及泥石流等自然灾害的科学知识以及预防与自救方法，编者特在原《自然灾害自救科普馆》系列丛书（西安地图出版社，2009年10月版）的基础上重新进行了编写，将原书中专业性、理论性较强的内容进行了删减，增加了大量实用性强、趣味性高、可操作性强的内容，并且给整套丛书配上了与书稿内容密切相关的大量彩色插图，还新增了近年发生的灾害实例与最新的预防与自救方法，以帮助大家在面对灾害时，能够从容自救与互救。

本丛书以介绍自然灾害的基本常识及预防与自救方法为主要线索，意在通过简单通俗的语言向大家介绍多种常见的自然灾害，告诉人们自然灾害虽然来势凶猛、可怕，但是只要充分认识自然界，认识各种自然灾害，了解它们的特点、成因及主要危害，学习一些灾害应急预防措施与自救常识，我们就可以从容面对灾害，并在灾害来临时成功逃生和避难。

每本书分认识自然灾害，自然灾害的预防，自然灾害的自救和互救等部分。通过多个灾害实例，叙述了每种自然灾害，如地震、海啸、洪涝、泥石流、滑坡、火灾、风灾、雪灾等的特点、成因和对人类及社会的危害；然后通过描述各灾害发生的前兆，介绍了这些自然灾害的预防措施，并针对各种灾害介绍了简单实用的自救及互救方法，最后对人们灾害创伤后的心理应激反应做了一定的分析，介绍了有关心理干预的常识。

希望本书能让更多的人了解生活中的自然灾害，并具有一定的灾害预判力和面对灾害时的应对能力，成功自救和互救。另外希望能够引起更多的人来关心和关注我国防灾减灾及灾害应急救助工作，促进我国防灾事业的建设和发展。

《手绘新编自然灾害防范百科》系列丛书可供社会各界人士阅读，并给予大家一些防灾减灾知识方面的参考。编者真心希望有更多的读者朋友能够利用闲暇时间多读一读关于自然灾害发生的危急时刻如何避险与自救的图书，或许有一天它将帮助您及时发现险情，找到逃生之路。我们无法改变和拯救世界，至少要学会保护和拯救自己！

编者

2013年6月于北京

目录 Contents

一、认识海啸

（一）海啸概述

地球是一个水的星球，水面占地球总面积的71%，富饶的海洋是生命起源的摇篮，也是人类生存环境的重要组成部

海洋

蓝色的地球

分。正是有了海洋才有了蓝色的地球，才有了人类绿色的家园和生命的环境。

自古以来，湛蓝色的海洋就为人类储备和提供了丰富的资源，被誉为“蓝色的宝库”。海洋矿产资源、海洋生物资源以及海上航运交通都对人类的生存发展以及世界文明的进步产生了重大的影响。

一直以来，人类对海洋的开发利用就非常投入，随着科学技术的不断发展以及陆地资源的不断匮乏，开发利用海洋资源正逐渐成为今后世界新的热点。近年来，人类对海洋的认识程度快速提高，开发利用海洋资源取得的成就也是以往任何时期都无法比拟的。海洋丰富的资源以及巨大的经济效益引起了人类越来越多的关注。实践证明，海洋是人类生活和生产不可缺少的领域，是人类社会持续发展的希望。

任何事物都存在对立的一面，海洋也一样。在给人类带来好处的同时，海洋也给人类带来了巨大的灾难。海洋的狂风巨浪，转眼间就会摧毁城镇和村庄，吞噬无数生灵；台风、地震引起的海啸掀起的海上大浪摧毁坚固的海上工程和过往的无数船只，淹没万顷良田，让人们无家可归；海洋环境的改变，引起海水质量下降，海洋资源衰退，海洋生物减少甚至灭绝；海洋污染影响海洋生物的多样性，大量的污染物进入海洋，造成了海洋贝类、蟹等海洋生物的死亡；赤潮产生的贝毒危及人类健康。

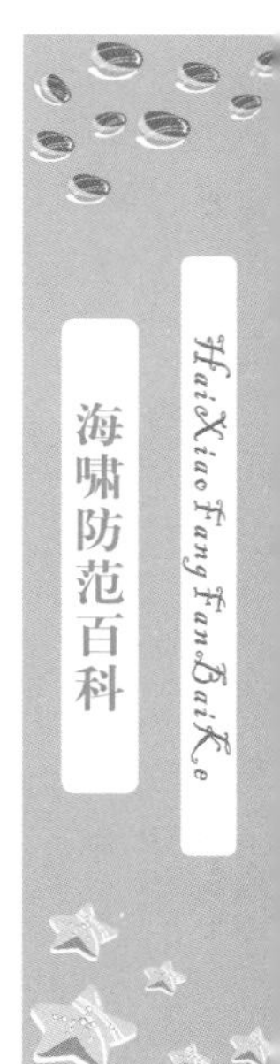

海啸

人们永远忘不了2004年12月26日这一天，印度洋大海啸给东南亚诸国造成巨大的经济损失和人员伤亡，遇难及失踪人员超过29万人，财产损失不计其数。这次海啸虽然不是历史上规模最大的海啸，但它是有史以来有记录的地震海啸所造成的最惨重的损失。

印度洋海啸之所以造成如此严重的后果，是由多方面的原因造成的。其中一个重要原因就是没有预警设施及缺少信息传输。另外一个重要原因是人们对海啸缺乏防范意识。那应该如何提高民众的防范意识呢？

把海啸的基本知识告诉民众，让民众了解海啸产生的原因、海啸的特征及传播过程。告诉民众海啸来临前的防御方法及海啸发生时如何自救。这样，即使灾难发生，也会把损失降到最低点。

1. 什么是海啸

海啸的英文词是“tsunami”，来自日文，“tsu”的汉字是“津”，表示港湾；“nami”的汉字是“波”，表示波浪，合起来，整个词的意思就是港湾中的波。

海啸是一种具有强大破坏力的、灾难性的海浪。通常情况下，是由震源在海底下50千米以内、里氏震级6.5以上的海底地震引起的。火山爆发、水下或者沿岸山崩也可能会引起海啸。另外，还有人工海啸，它是在海底进行核爆炸引起的，并且逐渐发展成为研究海啸的一种有效手段。

海啸会产生具有巨大破坏力的海浪

火山爆发

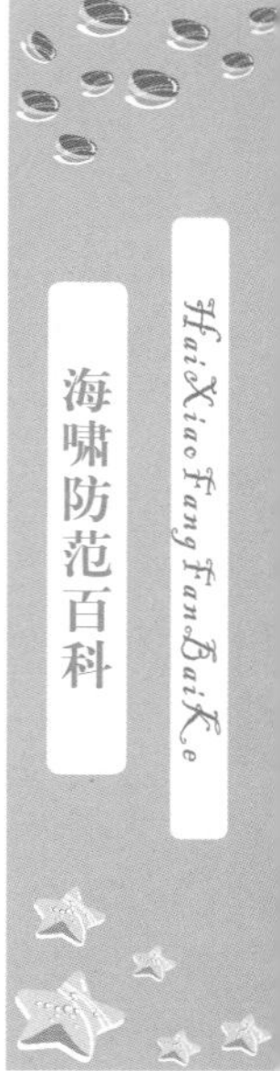

在一次震动过后，震荡波就像卵石掉进浅池里产生的波一样，在海面上以不断扩大的圆圈传播到很远的地方。海啸波长比海洋的最大深度都大，轨道运动在海底附近也不会受到很大的阻滞，无论海洋深度如何，波一样可以传播过去。

海啸在外海时，由于水比较深，波浪起伏不大，很难引起人们的注意。但是当它到达岸边的浅水区时，巨大的能量使波浪骤然升高，形成“水墙”。“水墙”能量极大，高达十几米甚至数十米，冲上陆地后所向披靡，越过田野，迅猛地袭击着岸边的村庄和城市，人们瞬间消失在巨浪中。被震塌的建筑物、港口所有设施，在狂涛的洗劫下被席卷一空。巨浪过后，海滩上一片狼藉，惨不忍睹，到处是人畜尸体和残木破板。海啸给人类带来的灾难是非常巨大的。目前，人类对海啸、地震、火山等突如其来的灾变，只能通过观察、预测来预防或减少它们所造成的损失，但不能控制它们的发生。

2. 海啸与风产生的波浪的不同之处

海啸与风产生的潮或浪是不同的，到底有哪些差异，我们来具体看一下。微风吹过海洋，泛起的波浪相对较短，相应产生的水流仅限于浅层水体。在辽阔的海洋，飓风能卷起高度30米以上的海浪，但不能撼动深处的水。而潮汐每天席卷全球海域两次，虽然它产生的海流跟海啸一样能深入海洋

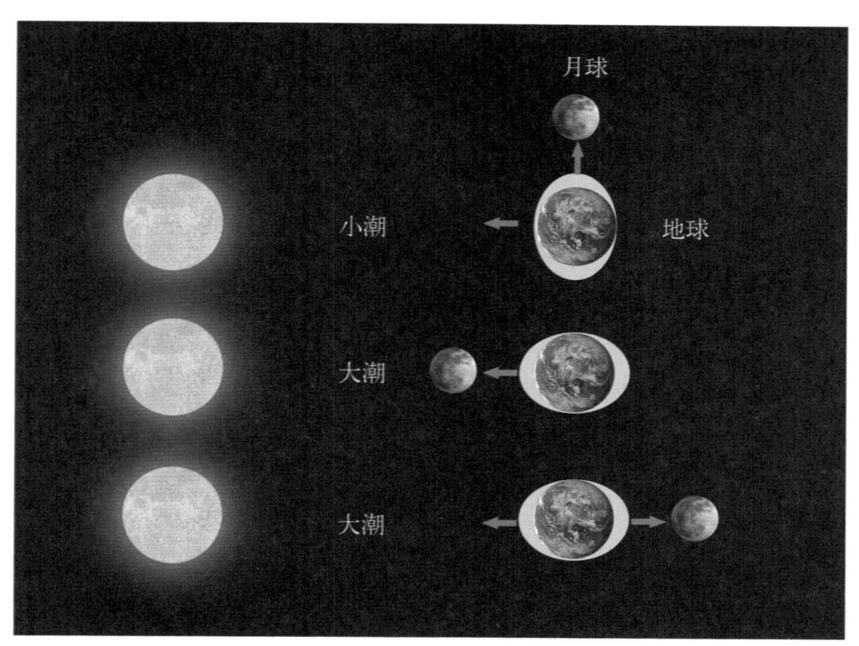

潮汐

底部，但是潮汐由太阳或月亮的引力引起，具有规律性，危害比较小。海啸波浪在深海的传播速度非常快，能够超过700千米/小时，可轻松与波音747飞机保持同步。但在深水中海啸并不危险，在开阔的海洋中，低于几米的一次单个波浪其长度可超过750千米，这种作用产生的海表倾斜如此之细微，以致这种波浪通常在深水中不经意间就过去了。通常情况下，海啸是静悄悄地、不知不觉地通过海洋的，但是如果在浅水中，它就会产生灾难性的巨浪。

我们已经了解海啸的发生以及在什么条件下会造成灾害，下面我们来看海啸发生的形式有哪些。

海啸发生的形式有两种：

岛屿、滨海或海湾的海水反常退潮或河流没水，而后海水突然席卷而来、冲向陆地；

海水陡涨，突然形成几十米高的水墙，伴随隆隆的巨响涌向滨海陆地，而后海水又骤然退去。

3. 海啸的组成

海啸是一种系列波浪，一般情况下，波长为几十至几百千米，周期为2～200分钟，常见者大多数为2～40分钟。在海啸开始形成时，它的波高并不大，仅在1～2米左右。在其传播过程中会一直保持这一高度，但是在快到达海湾或者岸边的浅水区时，波高会突然增加数倍或者数十倍，携带巨大的能量和强烈的破坏力，形成一种破坏性极强的巨浪。

历史上，最大的海啸的波幅曾高达51.8米，1964年在美国阿拉斯加的瓦耳迪兹港发生。海洋激浪与海啸相似，但高度更大：1958年7月9日，阿拉斯加的利鲁雅湾因地震引起的岸边滑坡冲入海底，造成的激浪高达525米，有两艘小艇被激浪抛到海岸附近一座海拔500米的山顶上。

下面来介绍和海啸有关的名词。

波长：相邻两个波顶峰或波谷底之间的距离；

波高：波浪的顶峰与谷底的垂直距离；

周期：波浪传播过程中相邻两个波谷底或波顶峰通过某一垂直断面的时间差。

海啸形成的波浪特点：在大海中传播时，波高常常在1～2米之内。但它的周期和波长却很长，波长短的为几十千米，最长的波长可达五六百千米，周期可达几十分钟，因而在大洋中不容易被人察觉。

总之，海啸波是以波长长、传播速度快、在浅水水域形成巨浪为特征的波浪。

4. 海啸发生的影响因素

引起海啸的原因包括地震、火山爆发、海底（或岸坡）塌陷或滑坡、气象因素、核爆炸、天体坠落等。

（1）地震。

地震海啸是指由地震引发的海啸。如果地震发生在海底，震波的动力会引起海水剧烈的起伏，形成强大的波浪，淹没沿海地带。

地震波的传播速度比海啸的传播速度快是海啸预警的物理基础。震动方向与传播方向一致的波称为地震纵波（P波），地震纵波的传播速度很快，每秒钟传播5～6千米，海啸的传播速度比地震纵波慢20～30倍，因此在远处，地震波要比海啸波早到数十分钟，有的甚至早到数十小时，具体数值取决于震中距以及地震波与海啸的传播速度。举个例子，当震中距为1000千米时，地震波会在2.5分钟左右到达，而海啸要在一小时左右才能到达。1960年，智利发生特大地震，地震激发的特大海啸22小时后才到达日本海岸。

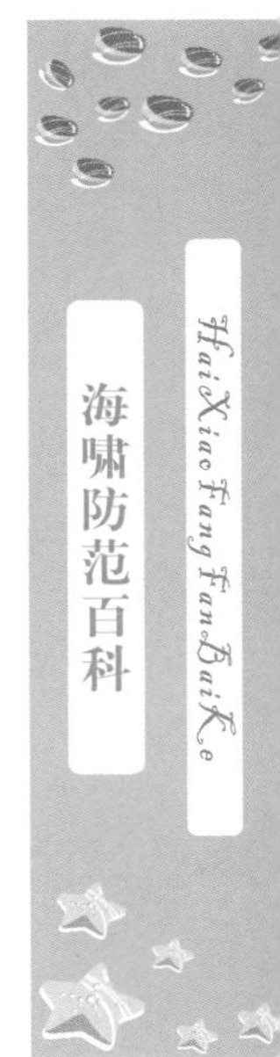

地震

世界上绝大多数海啸，都是由地震引发的。地震引起海底隆起和下陷导致海啸发生。海底突然变形，使从海底到海面的海水整体发生大的涌动，从而形成海啸袭击沿岸地区。

受低气压和台风的影响，海面会掀起高达几米的巨浪，但浪幅有限，由数米到数百米，因此冲击岸边的海水量也有限。而海啸就不一样了，海啸在遥远的海面虽然只有数厘米至数米高，但是，由于海面隆起的范围比较大，海啸的宽幅有时可达数百千米，巨大的“水块”会产生极大的破坏力，严重威胁岸上的建筑物，甚至吞噬岸上的生命。调查结果表明，如果海啸高度在2米左右，木制房屋会在瞬间遭到破坏；如果海啸高度达到20米以上，水泥钢筋建筑物也招架不住。

海啸的一个重要特征就是速度非常快，地震发生的地方海水越深，海啸的速度就越快。这是因为，海水越深，因海底变动涌动的水量就越多，因而形成海啸之后，在海面上移动的速度就越快。举个例子，如果发生地震的地方，水深为5000米，海啸的速度每小时可达800千米。当移动到水深为10米的地方时，海啸的速度降为每小时40千米。由于前面的波浪减速，后面的波浪推过来发生重叠，因此，到岸边时，海啸的波浪升高。如果沿岸海底地形呈“V”字形，那么海啸掀起的海浪更高。

海啸在遥远的海面移动时，人们很难察觉到，当它以迅猛的速度接近陆地，达到岸边时，会突然形成巨大的水墙。这时候虽然发现了它，但是要想逃跑已经太晚了。因此，一旦有地震发生，要马上离开海岸，到高处安全的地方去。

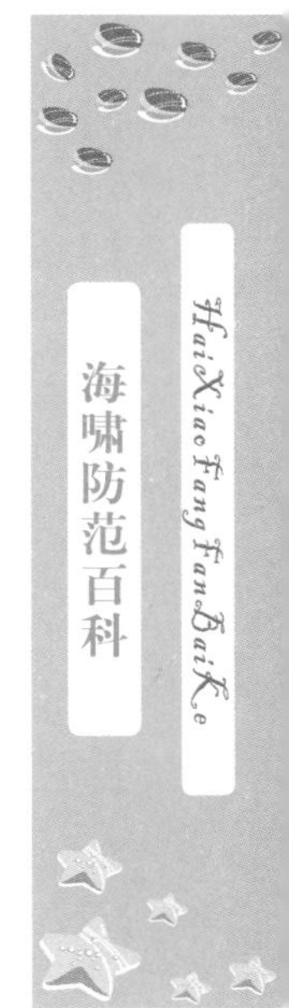

2004年，印度尼西亚苏门答腊岛西北部的西南方印度洋深海发生了历史上有地震记录以来的第二大地震海啸。这次强烈地震，在几秒的时间里，海底突然出现了一个千千米长、百千米宽、十几米深的大裂缝。海水剧烈震荡，产生的能量相当于100万颗1945年投在日本广岛的原子弹的能量！这次海啸是地震造成的。

（2）火山爆发。

火山爆发有时也会引起海啸，特别是海底火山。众所周知，火山爆发是热熔岩穿过地壳，上升到地球表面的运动。

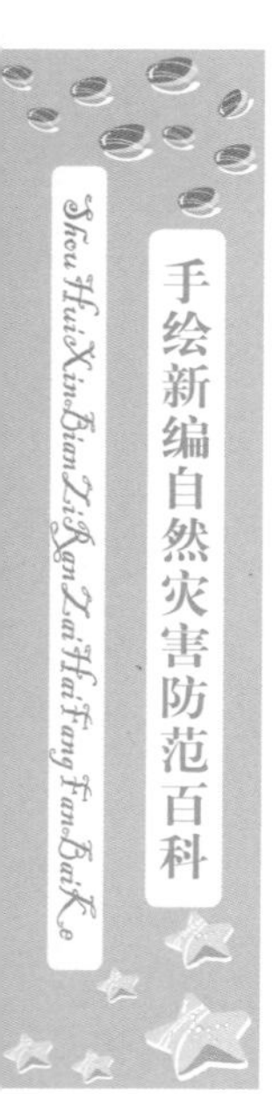

火山爆发

我们之所以用“爆发”，是因为它非常骇人。看一下相关记载，你就知道它有多厉害了。公元前15世纪，桑托林火山发生猛烈喷发，并且引发了海啸，巨浪高达90米，整个岛屿几乎被抛向空中，然后坠入海底。巨大的海啸摧毁了锡拉岛上的米若阿文化。

（3）海底（或海岸）塌陷或滑坡。

人们总是对浩瀚的海洋充满疑问，海洋里到底是什么样子的呢？其实海洋底下和陆地差不多，有山脉、高原。它们中有大块体积处于斜坡处，如果受到海底气体喷发而发生塌陷、滑坡，也会引发海啸。

近年来发现，大洋中的火山岛由火山熔岩堆积而成，稳定性比较差，容易塌陷。例如，西太平洋的马克萨斯群岛、印度洋中的留尼汪岛、北大西洋的埃尔塞罗—德尔耶罗群岛、南大西洋的特里斯坦—达库尼亚群岛等。

（4）核爆炸。

地下海洋核爆炸，也会引起海啸。1954年，美国在比基尼岛进行核试验，激起60米的巨浪，引发海啸。

核爆炸

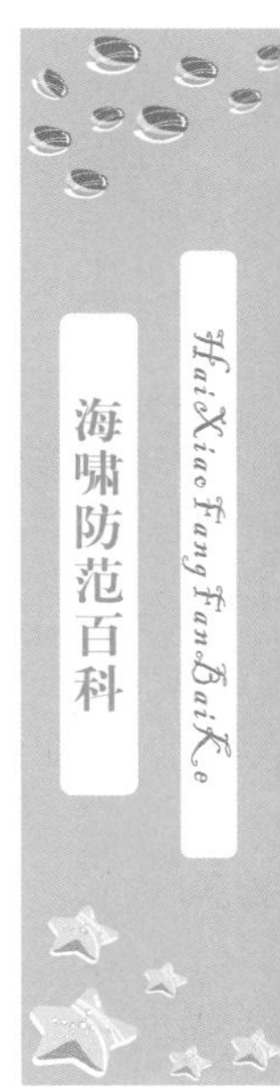

（5）气象因素。

风暴潮也称为“风暴海啸“或者”气象海啸“，它是在强烈大气扰动下引起的海平面异常增高现象。在我国历史上，常常记载“海侵、海溢”等，20世纪80年代，我国开始把风暴引起的海面异常命名为“风暴潮”。

（6）天体坠落。

如果陨石、彗星掉入大洋中，冲击能量也会激起海啸。当然，这种可能性非常小。据估算，5000年左右会发生一次。如果在陨石直径1000米，大洋水深5000米的情况下，陨石落入海洋会引起波高100多米的海啸。

天体坠落

5. 环境恶化加剧了海啸对人类的威胁

21世纪全球最严重的自然灾害是东南亚的海底地震引发的巨大海啸。这次海啸导致数十万人丧生，更多的人无家可归。在人们感慨自然力量可怕的同时，科学家指出，环境的恶化也加剧了海啸对人类的威胁。污染严重、全球变暖、珊瑚礁的破坏导致海岸缺乏抵御龙卷风和海啸的良性生态环境，沿岸的居民在灾害面前显得十分脆弱、渺小、软弱无力。

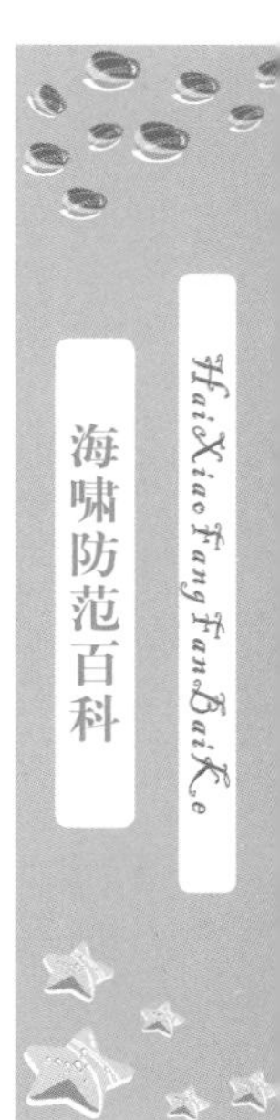

国际“绿色和平”环保组织的官员布拉德·史密斯曾说：“许多国家的海岸线都处于危险之中，一些亚洲沿海国家不断在海边修路、圈海养鱼、开垦农田和开发旅游业，导致沿海的天然屏障不断遭到破坏。”人类过度地开发海洋，

环境恶化加剧了海啸对人类的危险

沿海地区的天然屏障受到严重破坏，这些天然屏障包括沿海湿地中的树林和浅海中的珊瑚礁。湿地森林和珊瑚礁的消失，导致海岸不能有效地减缓风浪对陆地的破坏力，也不能减缓海浪冲向海岸的速度和力量。

依赖于石化燃料的现代工业，不断向大气层排放温室气体，导致全球变暖。全球变暖是环境恶化最直接的原因。那么全球变暖有哪些危害呢？在陆地上，它可以引发气候灾害，在沿海地区它的威胁也非常明显。

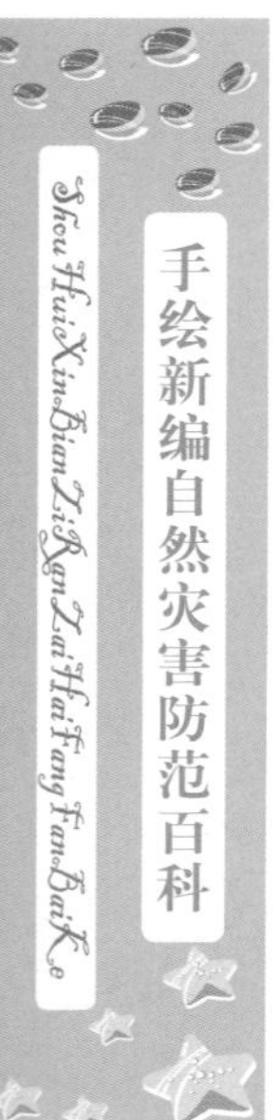

第一，全球变暖导致南、北极冰层逐渐融化，海平面不断上升，海水不断侵蚀海岸。

第二，海洋大风暴产生的一个重要原因就是全球变暖。

北极冰层逐渐融化

调查结果表明，20世纪中，全球海平面平均上升了10～20厘米。在2004年的印度洋海啸中，如果海平面还能保持19世纪那样的高度，那么东南亚的损失将会减少很多。

德国波茨坦气候变化研究所的研究人员理查德·克莱因认为，通常情况下，自然灾害对贫穷国家的破坏会更大些。这是因为，发达国家能为自己的沿海地区建设更高、更坚固的堤坝来对抗风浪，例如荷兰，它就可以做到这一点。而一些发展中国家却很难做到这一点。理查德·克莱因建议一些发展中国家除了要重视建设海岸屏障外，还要开发更好的龙卷风、海啸等海洋灾害的预警系统。这样，人们就可以在海啸来临前获得确切的警报信息，大大减少人员伤亡。对于一些比较小的岛国来说，最大的危险不是会沉没在海洋中，而是海啸卷入的海水会污染淡水水库，他们又无力购买昂贵的海水净化设备，居民没有水喝成了一个严重的问题。这些都直接导致东南亚遇灾国家在海啸之后重建家园会有重重困难。

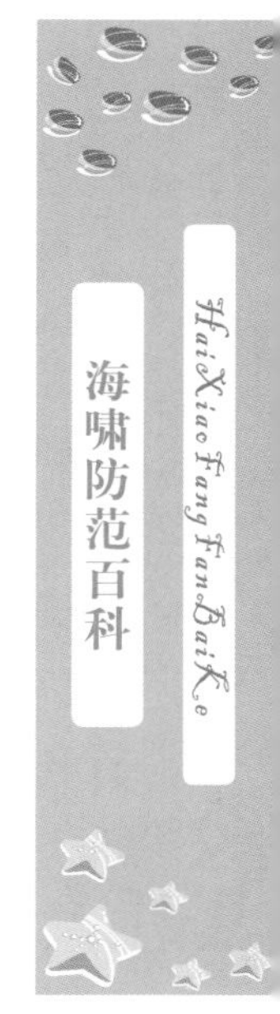

还有一方面也许在现代科技面前还只是一个预言，但是，它却不是没有根据的预言。那就是全球气候变暖很可能导致地壳沿太平洋海岸线断裂，那么环太平洋将会发生更多更强烈的海啸和地震！

新的计算结果表明，到2100年，就全球来看，海平面还会上升9～88厘米。对于我们来说，这意味着什么？恐怕可能远远不只是陆地萎缩、海岛被淹没那么简单！

如果海平面没有升高，纵向太平洋板块和大陆板块的受力是处于平衡状态的。可是，海平面升高，力的平衡也就被打破了。最新的卫星测绘数据表明，现在太平洋的水域面积约为1.79亿平方千米，如果按海平面升高40厘米算，海水对海底地壳的压力也会增加68万亿吨！由于地壳之下的地幔是流质的，因此，海底增加的这部分压力，就会全部分摊在太平洋海岸线的地壳上。我们按太平洋板块周长为7万千米估算，太平洋海岸线承受的剪切应力将为每千米10亿吨左右。

另外，陆地水总量减少会导致对大陆板块压力的减少，如果考虑这一因素，那么这种因为海平面总的升高在太平洋海岸线亚欧板块和太平洋板块之间产生的剪切应力就会翻一倍，在每千米20亿吨左右！剪切应力这么大，足以对太平洋海岸线的地壳产生很大的破坏，严重的会导致地壳沿天平洋海岸线断裂。

其实，这一预言可以通过大水库蓄水时，会伴随发生中、轻级地震的现象来证明。例如，印度柯伊那水库地区原来从未发生过地震，1962年水库开始蓄水，当贮水量还未达到总容量的一半时，这里就频繁出现小地震。在1967年，这里发生了一次6.4级的地震，导致大坝受到损害，造成严重损失。

这一预言还有一个有力的证明，那就是环太平洋地区频繁发生的地震。

依据这一理论，可以预言海平面升高产生的地壳断裂、塌陷所造成的地震，与板块挤压造成的地震不一样：板块挤压造成的地震，地震过后，导致地震的应力会被释放。在同一地区，一次地震发生后，相当长的一段时间内，这里不会再发生地震。而海平面升高产生的地壳断裂、塌陷造成的地震，震后导致地震的应力不会被释放，因此，在不长的时间内，还会再发生地震。印尼同一地区接二连三地发生地震也是这个原因造成的。

所以说，全球变暖肯定会导致地壳沿太平洋海岸线断裂，环太平洋会发生更强烈、更多的地震和海啸不是耸人听闻的猜测！相关领域的专家和各国政府要高度重视！

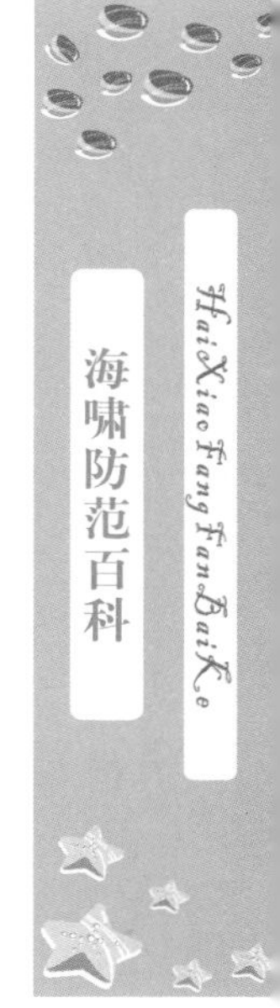

（二）海啸与风暴潮

谈自然灾害不能不提到风暴潮，风暴潮也是一种严重的自然灾害。在加勒比、北美地区和东太平洋地区，人们称它为“飓风”。在太平洋地区被称为“台风”，在印度被称为“旋风”。

产生于赤道附近的风暴潮具有巨大的能量。风暴潮在海面上运动时，伴随着暴雨、狂风以及巨浪，冲到陆地后，仍然保持着暴雨和狂风。把海面波浪、风暴潮与海啸对比一下，才能深切体会到海啸的传播速度有多快。

海啸的传播速度非常快，每小时可达700～900千米。而

风暴潮

水面波的速度比较慢，风暴潮比水面波快一些，但最快也只有每小时300千米左右，比起海啸要慢得多。海啸的波长极长，海啸波一旦从深海到达岸边，前进会受到阻碍，全部的能量，就会变成巨大的破坏力量，可以摧毁一切可以摧毁的东西，从而造成巨大的灾难。

为了加深对海啸特点的认识，我们除了要知道什么是海啸外，还要知道什么不是海啸。

在海水中有多种波存在，流体力学中说：波动是指海水质点的振动在海水中的传播过程。质点振动要能维持，必须存在恢复力。

根据不同的恢复力，可以把海水中的波动分为以下四种。

重力波：无论质点以哪种方式离开平衡位置，重力总为恢复力。

潮汐波：由太阳、月亮的引力产生。

涟波：由流体表面张力引起的微小的波，又称“毛细波”。

声波：由流体本身的可压缩性引起的波。

流体力学中的波动和自然灾害中的波动，都与海啸不相同。海啸有自己独特的一面。虽然风暴潮和海啸都会造成海水的剧烈运动，但是两者却有很大的不同。不同的性质，决定了它们认识和减轻灾害的方法也不一样。

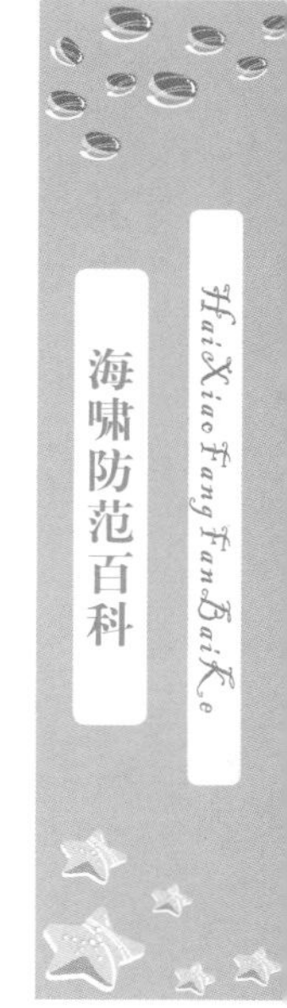

1. 海啸和风暴潮的不同

（1）成因不同。

风暴潮是由海面大气运动引起的，主要是海水表面的运动。而海啸是由海底升降运动造成的，是海水整体的运动。

（2）波长不同。

海啸的波长长达几百千米，而风暴潮的波长在1000米以下。和海水的平均深度相比，海啸波长要大很多，对于波长几百千米的海啸来说，水深高达数千米的海洋犹如一池浅水，因此海啸波是一种“浅水波”。而风暴潮波长比海水的深度小很多，因此是一种“深水波”。

（3）传播速度不同。

海啸的传播速度每小时可达700～900千米，非常快，可

海啸传播速度非常快

以与越洋波音747飞机保持同步。而水面波传播速度比较慢，风暴潮要快一点，但是最快的台风速度也只有200千米/小时左右，比海啸要慢得多。

（4）激发的难易程度不同。

风暴潮或海浪很容易被风或风暴所激发，而多数海啸是由海底地震产生的。只有在非常特殊的情况下，极少的大地震才能激发起灾害性的大海啸。如果有风和风暴，一定有风暴潮；而有大地震发生，未必一定产生海啸。10个大地震中只有1～2个会发生海啸。尽管对极少数能够产生海啸的地震有了不少解释，但至今，仍然还有一些需不断研究的问题。

2. 风暴潮概述

风暴潮指由强烈的大气扰动，如温带气旋、气压骤变、寒潮过境、热带风暴等引起的潮位大大地超过平常潮位，海面异常升高或降低的现象，在前面也提到过，风暴潮也常被称为“风暴海啸”或“气象海啸”，在我国历史文献中又多称为“海侵”“海溢”“海啸”及“大海潮”等。

水位异常增高是因为近海海区受到风暴潮的影响，其现象被称为风暴增水和减水，当沿岸及河口区水位剧增时，是因为受暴风从海洋吹向河口的影响；反之，沿岸及河口区水位降低时，是因暴风从陆地吹向海洋的影响，台风风暴潮，是较为常见的风暴潮。凡是有台风出现的地区，都会发生台风风暴潮。这种形式的风暴潮多发于夏秋季节，其特点是来势猛、强度大、速度快、破坏力强。

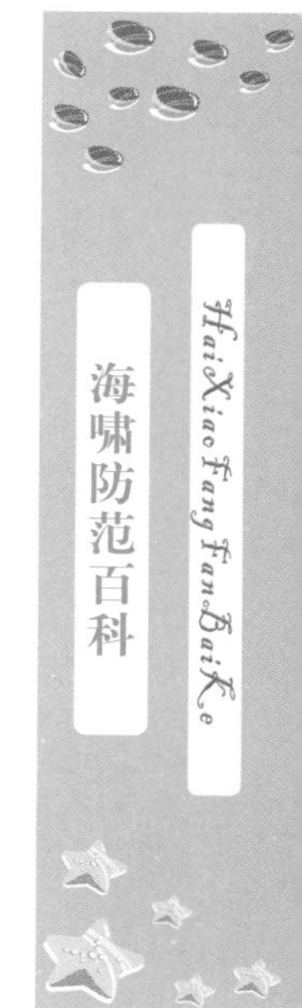

风暴潮的空间范围能由几十平方千米至上千平方千米，时间尺度或周期为1～100小时。一次风暴潮的影响时间可持续数天之久，其过程可影响海岸区域一两千千米。

根据什么来给风暴潮命名呢？国际上一般以引起风暴潮的天气系统来命名风暴潮。例如，2005年登陆中国的第9号强台风就命名为0509台风，这场台风引起的风暴潮就被称为“0509台风风暴潮”。

世界上绝大多数特大海岸灾害都是由风暴潮造成的，所以人们将风暴潮灾害推居为海洋灾害之首。

3. 风暴潮的形成因素

（1）天气系统。

台风：飓风与台风都是风力达到12级时的热带气旋，热带气旋就是发生在热带海洋上的大气涡旋。全球热带气旋主要源地分布在南、北半球5～20个纬度带内的东北太平洋、西北太平洋、西南太平洋、西北大西洋、阿拉伯海、孟加拉湾、澳大利亚西北部和南印度洋西部等8个大洋区。这8大洋区的台风，有约36%集中在西北太平洋，而我国东面正好临西北太平洋，所以受西北太平洋台风影响十分显著，其中约有35%的台风在我国登陆，从而经常造成风暴潮灾害。

天气系统

温带气旋：温带气旋也叫“锋面气旋”，顾名思义，气旋里有锋面，锋面就是冷暖空气的交界面。也就是说，温带气旋里既有冷空气也有暖空气，两种空气同时围绕中心旋转，南半球顺时针旋转，北半球逆时针旋转。

温带气旋的影响范围一般局限于北纬20度以北的海域和陆地，对北纬20度以南的区域影响不大。我国沿海地区全年都有低压活动，并以温带气旋为主，例如，东海气旋、江淮气旋、黄河气旋、东北低压等。

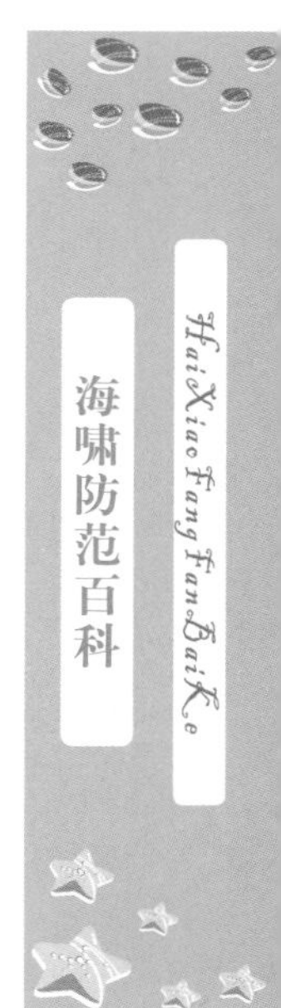

东海气旋。春冬季较多，生成于东海海面及西部沿岸地区，向东北方向位移，发展逐渐加强，在东海上促成6级以上偏北大风。

天气系统

江淮气旋。春、夏季较多，其中6月最为活跃。生成于长江中下游和淮河流域，是造成江淮地区暴雨天气的重要因素之一。江淮气旋分为南北两支入海，其中北支在苏北沿岸入海，南支在长江口附近入海。入海后的江淮气旋获得更大能量，不仅能形成暴雨天气，还能产生6～8级大风。在黄海中部和南部的是由北支引起的偏东大风，东海北部是南支引起的偏北或偏南大风。

黄河气旋。没有季节限制，一年四季皆可出现。此气旋生成于黄河流域。其中冬半年（9月～翌年2月）多活动于河套北部地区，向东北或偏东方向发展，逐渐平息，并无大的发展。夏半年（3～8月）在黄河下游较为活跃，有两条移动路线：一是向东入黄海，二是入渤海。其中入黄海一径发展不大；而入渤海一径，一直向东北方向移动，得到发展后，在渤海、辽东半岛及黄海北部引发暴雨和大风，风力一般为5～7级，最大至8级，持续时间为1～2天。

东北低压。没有季节限制，一年四季皆可出现，其中春、秋季节最多，尤其是4、5月最为活跃。此低压多数是由蒙古气旋和黄河气旋发展来的，生成于东北地区的低压并不多，但主要活动在东北地区。可影响到黄海和渤海南部整个暖区，造成西南大风，风力一般为6～7级，最大至8级，持续时间为1～2天。

寒潮。北方的寒冷空气大规模地向南侵袭，造成温度急剧下降和偏北大风的过程，叫做寒潮。寒潮是冬季的一种灾害性天气，我国气象部门规定：冷空气侵入造成的降温，24小时内达到10℃以上，而且最低气温在5℃以下，则称此冷空气暴发过程为一次寒潮过程。后又补充规定：长江中下游及其以北地区，48小时内气温下降10℃以上，长江中下游最低气温为4℃或以下，陆上相当于三个行政区出现5～7级大风，海上有三个海区出现6～8级大风的情形也属寒潮过程。从规定看出，并不是所有南下的冷空气都被称为寒潮。没有达到这个规定标准的，叫做冷空气活动或者冷空气南下。

寒潮侵入我国时，一般表现为大风降温，伴有雨雪、霜冻或冰冻等天气现象。主要影响我国的寒潮分为西路、中路和东路三条路径。

西路。自新疆侵入，沿河西走廊、青藏高原东侧南下。有时横扫华北平原自东入海；有时向东南抵达长江流域；还有时南侵北部湾、雷州半岛一带，在北部湾形成6～8级偏北大风，随后又在琼州海峡形成6级偏东大风，有时候珠江口附近的海面也会出现大风天气。

中路。自极地和西伯利亚等地发源的强冷空气，主要出现在冬季，穿越蒙古国侵入我国。自北向南经河套、华北平原直冲长江流域；有时可越过南岭侵入南海北部，使南海北部出现6级以上的大风。由此路而来的寒潮较弱，有时到了淮河流域后转而向东入海，造成黄海、东海6～8级的偏北大风。

东路。自西伯利亚东北部和鄂霍次克海发源的强冷空气，多发生在晚冬和早春。有时直接从我国东北地区入侵；有时则先经过日本海、朝鲜半岛，然后沿着黄海南下，对我国东南沿海造成影响；有时从东海穿过台湾海峡侵入南海，使渤、黄、东海甚至南海北部出现大风降温天气。东路冷空气较西路和中路而言，势力偏弱，但因为它一路未受到什么阻拦，所以风力较大。

寒潮多发生于11月至翌年3月。在冬季，较强冷空气常可影响到华南沿海及南海北部等地区，晚秋或早春的冷空气影响的地区一般比较偏北。伴随着寒潮的流动，一般伴有6～8级的偏北大风，最大可达12级以上，造成严重灾害。

（2）海洋系统。

海洋潮汐：潮汐主要是受太阳和月亮的影响。在引潮力的作用下，潮汐的运动形成了一定的周期性。地球围绕着太阳运行，太阳的引力对地球产生很大的影响，这是不容忽视的，再者月亮是围绕地球运转的，它距离地球最近，所以它对地球的引力影响也很大。太阳和月球相比，太阳虽然质量大，却不及月球到地球的距离近，所以其对地球海水的引力约为月球的46%。但是太阳的引潮力又会牵制月球的引潮力。引力最大的时候是月球和太阳与地球处于同一条线的时候，即月亮和太阳夹角呈0度或180度时，是我国农历每月初一和十五前后。这个时候太阳的引潮力将起到推波助澜的作用，从而使潮水更高，形成朔望大潮。当月亮和太阳夹角呈

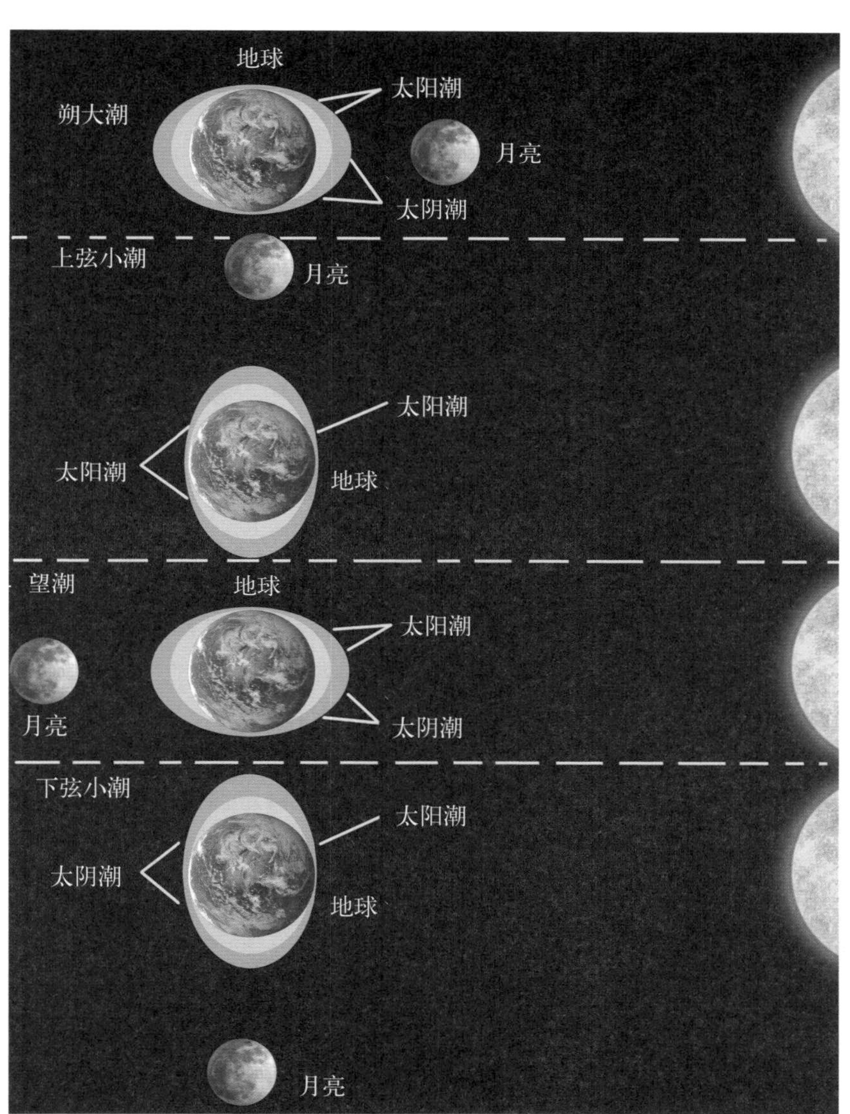

海水潮汐

90度或270度时，月球、太阳与地球为直角，这个时候引潮力将被削弱，形成两弦小潮。

因为地球、月亮在不停地运动，从而使太阳、月亮与地球的位置和距离在不断地发生着变化，在不同的时间和不同的地区，它们会出现不同的运动周期，大体可分为四种类型：

第一，太阴日内，出现两次高潮和两次低潮，两次相邻的潮差基本相等，两次高潮（或低潮）之间的时间间隔相近，称正规半日潮；

第二，太阴日内，只出现一次高潮和一次低潮，称正规全日潮；

第三，日潮为主，夹有全日潮出现，称不规则半日潮；

第四，日潮为主，夹有半日潮出现，称不规则全日潮。

以上形成的潮汐被划定为天文潮，当天文潮和风暴潮重叠时，就会造成较大的灾害。

河口潮汐：海洋潮波传至河口，使得河口水位上涨，从而产生升降运动，被称为河口潮汐。河口潮汐不但具有海洋潮汐的一般特性，还受河床变化、河口形态、河道上游下泄流量等影响，故而与海洋潮汐明显不同。

河口潮有以下特点：

一是涨潮用时短，落潮用时长，而且越是上游地区，涨潮时间越短，退潮时间越长。

二是高、低潮间隙自河口向上游递增。

三是潮差沿河程而变化，平直的河道潮差沿河程递减。

四是因受河岸的约束，潮流为往复流，一般不存在旋转流。涨潮流流速随着河程增加而逐渐减小，直至潮流流速与径流流速相等，潮水不再倒灌为止。

若天文潮、风暴潮和洪水、暴雨等汇聚时，俗话称为洪、涝、潮三碰头，则将造成特大洪水灾害。

海平面上升：随着全球变暖，海平面普遍呈上升趋势，海平面上升对风暴潮有促进作用，海水入侵陆地，除了严重侵蚀海岸外，还会使土壤盐渍化。

（3）地理因素。

沿海平原和三角洲：在国际上，一般认为易受气候变化影响的海岸区域是海拔不到5米的海岸区域。这样低洼的区域很容易受海平面上升和风暴潮灾害的危害。我国沿海大部分都为这种低洼类区域，包括辽河平原、淮北平原、淮南平

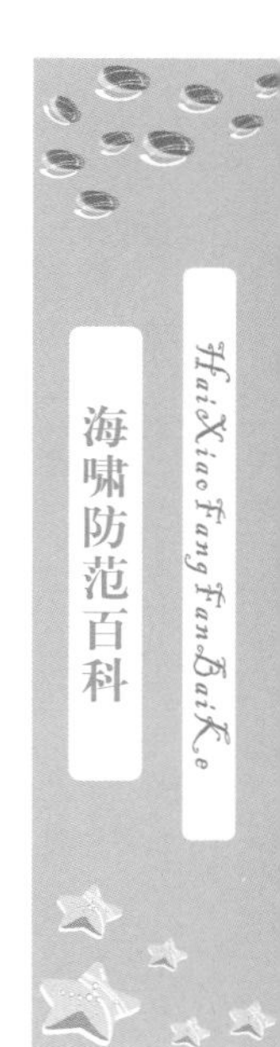

地理因素

原、长江三角洲、黄河三角洲、福建沿海三角洲、珠江三角洲等，约计14.39万平方千米，其中有9.28万平方千米的地区高程还不足4米，属于极微弱区，其包括了江苏南部到浙江北部沿海地区、福建省闽江口附近沿海地区、广东省汕头至珠江三角洲地区、广东雷州半岛东海岸以及海南省海口至清澜港一带沿海、广西北部湾沿岸的低洼地区。在危险区域内常住人口有7000多万人，约占全世界处于危险区域人口总数的27%，另外极微弱区生活着约6500万人。

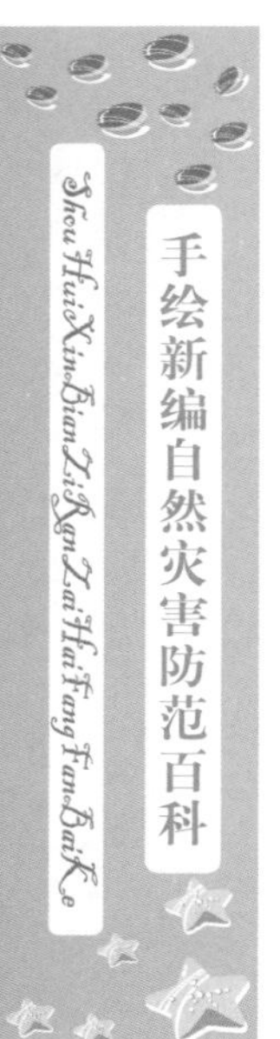

在我国沿海的河口和三角洲区域，由于海湾凹入部分及平原河口地区地势低平，海水灌入后不易于扩散，容易导致水位升高，因此，对台风、风暴潮极其敏感。尤其是长江口、钱塘江口和珠江三角洲，降水充足，容易产生洪涝灾害，因此，经常造成洪水与风暴潮的相遇，酿成重大灾害。

海岸带地质环境：海岸地带可以大致分为基岩海岸带和泥砂质海岸带。

基岩海岸。为坚硬的石质，对风暴潮有很强的抵挡能力；

泥砂质海岸。比较松软，抵挡风暴潮及灾害性海浪的能力较弱，容易受到侵害，导致灾难的发生。

（4）人类活动。

防潮工程：从古至今，人们抵御海潮的侵袭，一般都是采用修造海堤的办法，到现在为止，它仍然是防潮减灾的有

人类活动

效措施。目前，我国东部沿海的大陆海岸线为18000千米，大小岛屿约有6500个，其海岸线总长约为14000千米。一般海堤防御标准为20年，重要海堤是50年，重要城市为100年。到1998年底时的统计资料，现有海堤可保护25个省的48个城市和342个县，保护面积达到了29.1万平方千米，人口为1.78亿人。但是多数的海堤根本没有达标，那些低标准海堤在大潮灾面前没有防御能力，即使在风暴潮预报、预警比较成功的情况下，这些地区仍会遭受巨大经济损失。

地面沉降：20世纪20年代开始，上海及天津市区地面出现沉降灾害，40年以后，两市的地面沉降现象已经到了十分严重的程度。20世纪70年代，长江三角洲主要城市及天津市平原区、河北东部相继出现地面沉降现象。20世纪80年代以来，随着城市的发展和人口的增加，这些地区的中小城市、农村地下水开发利用量也随之大幅度增加，地面沉降范围不只出现在城市更向农村扩展，并在区域上连片发展，地面沉降范围不断扩大。

我国地面沉降最为严重的地区是长江三角洲。其中，上海地区是我国发生地面沉降现象最早、影响最大、危害最深的城市。地面标准高度降低直接导致了黄浦江高潮对市区造成灾害次数和强度的增加。1962年上海市高潮位比1931年历史最高潮位低0.18米，但市区防汛墙溃决46处，市区最大淹水处水深达到2米，直接经济损失达5亿元人民币。有关

人类活动

资料统计，只是由于地面下降的情况，市区防汛墙就曾经大规模加高过三次。但在1999年上海市出现的洪、涝、潮三大灾害一起发生的情况下，高潮造成市区排水困难，造成较大的灾害，全市累计受淹农田8.4万公顷（成灾3.4万公顷），受淹人口达16万人之多，倒塌房屋690间，经济损失为87亿元。

华北平原也是我国地面沉降灾害较严重的地区。例如，天津市地面最大沉降量已经超过3米。地面沉降使得天津市沿海一带已经出现数处低于海面的凹地，加剧了伴生的风暴潮灾害。在1985年、1992年、1997年、2003年发生了四次风暴潮，天津防潮堤有十几处被冲垮，造成的损失十分巨大；2007年3月4日，天津港发生自1969年始的最强风暴潮；2009年4月15日，渤海沿岸出现了一次强温带风暴潮过程，导致天津市3人死亡，6人失踪，防波堤损坏3.7千米，护坡损坏350平方米，大港油田公司630多口油井被迫停产。天津市全市直接经济损失达2.49亿元。

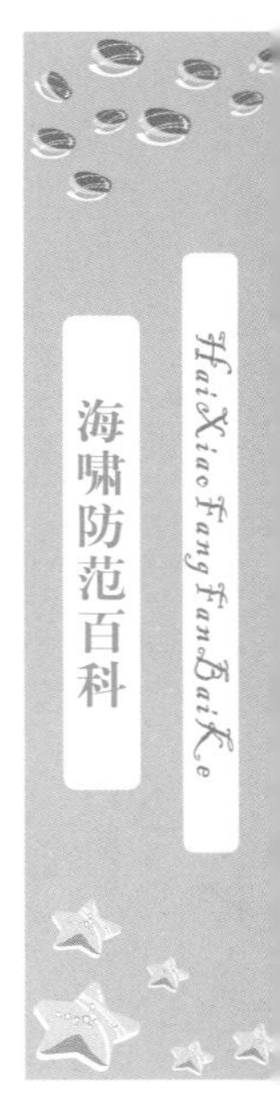

经济发展：近年来，我国海洋经济得到快速发展，从1980年海洋经济总值不足20亿元，到2001年的时候已经达到7233亿元，远高于我国国民生产总值的增长率，相对于世界经济的发展来说也是相当快的。海洋经济已经成为中国新的经济增长点，2003年已经开始突破10000亿元大关，伴随中国内地沿海社会经济的快速发展，海洋经济将在更高的水平上持续增长。根据《2011年中国海洋经济统计公报》显示，

2011年，我国海洋生产总值为45 570亿元，占国内生产总值的9.7%。

改革开放后，随着经济建设的发展，我国在沿海地区已经陆续建立了四个经济特区。此外，大连、天津、上海、广州等一批港口城市及江河三角洲等沿海开发地区，经济发展很快，固定资产迅速增加。

随着我国沿海地区和海洋经济的迅速发展，大量地增建沿海基础设施，造成承载体日趋庞大，列入潮灾的次数越来越多，灾害后果也越来越严重。在近几十年来，由于防御海洋灾害能力的加强，死于潮灾的人数已明显减少，但是每次风暴潮造成的经济损失却在显著地增加。有资料统计显示，我国沿海地区风暴潮灾害的经济损失从20世纪50年代的平均每年1亿元，逐年剧增，80年代后期平均每年20亿元、90年代平均每年100亿元，2005年已经高达329.8亿元，是50年前的300多倍！2010年我国的风暴潮灾害直接经济损失达65.79亿元；2011年我国的风暴潮灾害直接经济损失达48.81亿元。风暴潮正成为沿海对外开放和经济社会发展的一个很不利的制约因素。

过度开发：人类活动也是海岸侵蚀灾害加剧的一个重要原因。比如，沿岸采砂、不合理的海岸工程建设、过度开采地下水、采伐海岸红树林等，都是人类活动直接导致的海岸侵蚀的常见原因。为了眼前的经济利益，一些沿海地带盲目地进行经济开发，比如，水产养殖业过度开发，填海造地、围垦滩涂、抬滩造地等海岸开发活动无序开展。为了更多地开发旅游项目，在不少的旅游海岸，别墅和娱乐设施也都不计后果地直接建在沙滩上。这种高密度大范围的经济开发行为，严重地削弱了沿海的防潮减灾能力，加重了风暴潮和海浪灾害损失的程度。

4. 我国风暴潮的特征

每个季节都有风暴潮的发生。夏、秋两季全国沿海遍有台风、风暴潮，到了春冬两季，受寒潮、大风及温带气旋活动的影响，强大的风暴潮常会在北部海区出现。

风暴潮在我国发生比较频繁。我国是西太平洋沿岸发生风暴潮次数和频率最高的国家。

增水强度大。由于我国沿海地形具有广阔的大陆架，水较浅，这为风暴潮提供了良好的增水条件。

我国属于季风气候，天气多变，台风、气旋、反气旋的移动路径、速度、风力大小、强度与方向等各不相同，而且我国沿海海岸线地形曲折复杂。潮汐类型多样，潮差大的浅水区，风暴潮与天文潮具有较明显的非线性耦合效应。故而我国风暴潮具有规律复杂多变的特点。

风暴潮并不乖乖地停留在海沿岸，有时候会沿着河口一路向上，威胁和损害上游地区的堤防工程。若是在途中与洪水等自然灾害相遇，那样情况会非常严重，使灾害程度更大。

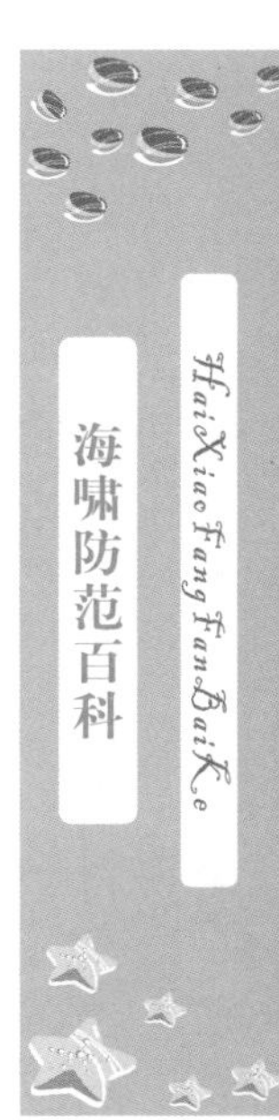

5. 风暴潮的分类

按照诱发风暴潮的大气扰动特征来给风暴潮分类，可分为两大类：由热带风暴（如台风、飓风等）所引起的风暴潮和由温带气旋所引起的风暴潮。除此之外，还有另一种风暴潮，只在我国北方的渤海和黄海活动，所以并未引起普遍的关注和注意。

夏、秋季最为常见的是由热带风暴引起的风暴潮，台风和飓风路经的沿岸，都是风暴潮的多发地带。这不仅仅是我国特有的现象，而是有台风的地方就有风暴潮，许多国家都会出现这种台风风暴潮，包括北太平洋西部、南海、东海、北大西洋西部、墨西哥湾、孟加拉湾、阿拉伯海、南印度洋西部、南太平洋西部诸沿岸和岛屿等处，涉及地域范围非

风暴潮

常广。

例如，日本受风暴潮的影响比较严重，主要是太平洋西部台风所引起的。还有我国东南沿海地区也是风暴潮的多发地区。美国和墨西哥受来自加勒比海附近发生的飓风的侵袭，而引发飓风潮。

旋风是发生在印度洋的热带风暴，旋风也是诱发风暴潮的重要因素。

例如，1970年11月13日在孟加拉湾沿岸发生了一次热带气旋风暴潮，此次灾害程度可谓是震惊世界，增水6米高的风暴潮在恒河三角洲一带，夺去了30多万条生命，使100万人无家可归。

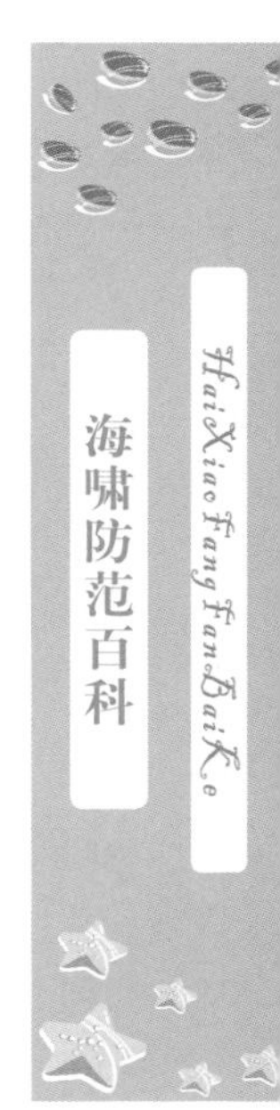

热带风暴潮引发的风暴潮临近时，尤其是到达大陆架时，会呈现一些特有的现象，大致可分为三个阶段。

第一阶段：先兆波

当台风或飓风风暴还驰骋在外海或者大洋中的时候，便会传来潮位变化的信号，波幅呈现出20厘米或30厘米的缓慢波动。这种在风暴潮来临前趋岸的波，称为“先兆波”，但并不是每次风暴潮来临时都会有先兆波。而且先兆波不一定都以海面上升的形式出现，有时候会以退潮、海面缓缓下降的形式出现。

第二阶段：主振阶段

主振阶段是指风暴已逼近或过境（该地区）时，出现的水位急剧升高的现象。有时候潮高能达到数米，这是风暴潮产生的主要阶段，持续时间一般为数小时或者一天，时间并不很长。

第三阶段：假潮或（和）自由波

这个阶段一般是存在于风暴过境以后，即在主振阶段过去之后的阶段，主振之后会发生一系列的振动——假潮或（和）自由波。其中假潮一半会出现在港湾和大陆架上；还有一种边缘波，往往出现在风暴平行于海岸移行的时候。这一系列的事后振动，称为“余振”。余振时间可长达2～3天。在这个期间是最危险的，若是与天文潮相遇，会让水位迅速超出该地的“警戒水位”，造成严重的洪涝灾害。

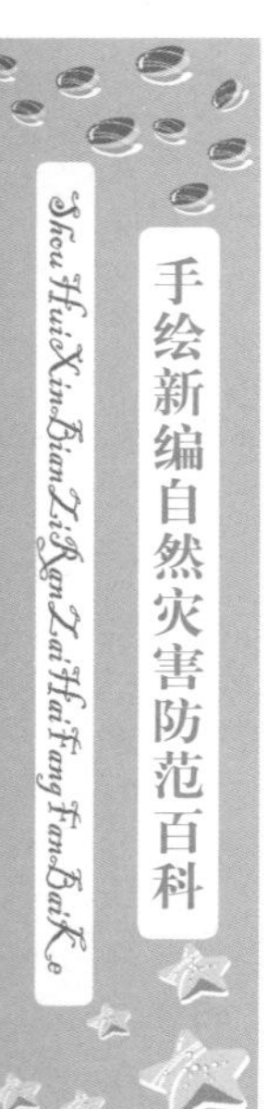

春、冬季节的风暴潮一般是温带气旋引起的。这种温带气旋引起的风暴潮水位呈缓慢变化，而不是急剧变化，这点与热带气旋引起的风暴潮有明显的区别，造成这种情况的原因是热带气旋移动速度要比温带气旋快。

上面我们提到，除此两类外，还有一种渤海和黄海特有的风暴潮。一般发生在春、秋过渡季节，这是因为这个时候，渤海和黄海是冷、暖气团角逐较激烈的地域，引发由寒潮或冷空气激

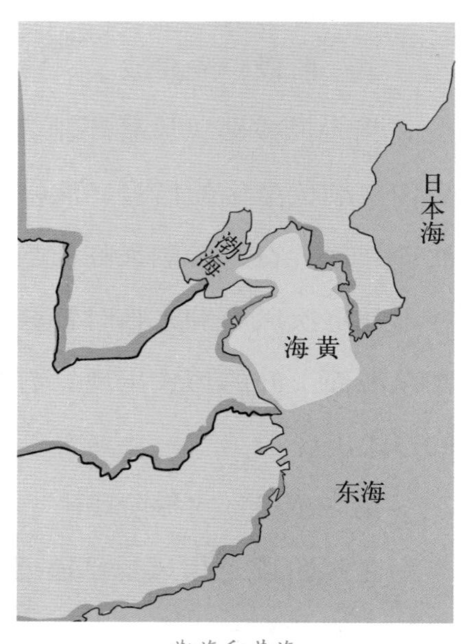

渤海和黄海

发产生的风暴潮。因为寒潮或冷空气具有低压中心，所以又称这类风暴潮为风潮。这种风暴潮的特点和温带气旋引起的风暴潮特点差不多，水位变化持续但不急剧。

6. 风暴潮的成灾因素

当暴风从大洋刮向海岸时，就会导致海水不断以风浪的形式推向海岸。而海岸对于这些海浪必然会起到一定的阻挡作用，正是这样的阻挡促使沿岸海平面增高数米，尤其是浅水域水位增高更为明显。除了潮位非常高造成的潮灾外，风暴潮能否造成灾害还有一个重要因素，就是风暴潮与天文潮的相遇重叠。另外是当地环境，例如，地理位置、海岸及沿岸地形等。还有就是当地防御措施的兴建程度。

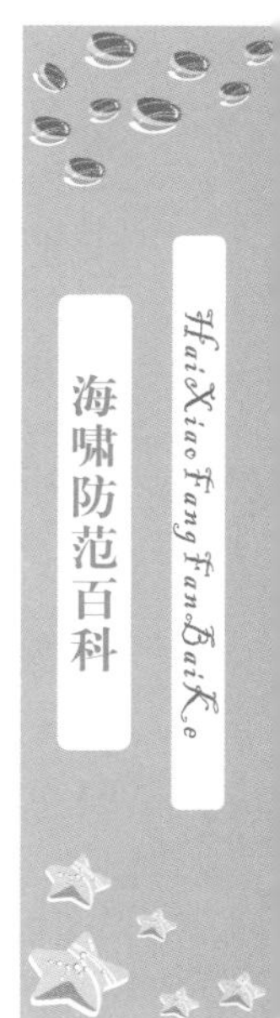

当风暴潮与天文潮相遇时，会导致特大潮灾发生。如1992年的8923和9216号台风风暴潮就受到了热带风暴和天文大潮的共同影响，致灾情况严重。从1992年8月28日至9月1日，巨大的风暴潮先后波及我国沿海，从福建至辽宁省长达近万里的海岸线。风暴潮、巨浪、大风、大雨的袭击，使受灾人口达2000多万人，194人死亡，毁坏海堤1170千米，受灾农田为193.3万公顷，成灾33.3万公顷，直接经济损失为90多亿元人民币。2011年8月31日至9月1日，因受冷空气影响，渤海沿岸发生了一次较强温带风暴潮过程，渤海湾和莱州湾均出现了100厘米以上的风暴增水，其中，河北省黄骅站和天津市塘沽站的最大增水分别为132厘米和110厘米，都是发生在当日天文高潮时，高潮位分别超过了当地警戒潮位70厘米和27厘米；山东省潍坊站的最大增水为124厘米。受其影响，河北省黄骅市的水产养殖受损2.13千公顷，防波堤损毁0.2千米，灾害的直接经济损失达1.58亿元。

风暴潮灾害一般划分为四个等级：特大潮灾、严重潮灾、较大潮灾和轻度潮灾。

7. 风暴潮时空分布

（1）主要发生区域。

根据气象学，全球可以划分出8个热带气旋多发区：东北太平洋、西北太平洋、北大西洋、南太平洋、孟加拉湾、阿拉伯海、西南印度洋和东南印度洋。太平洋是世界上台风

主要发生区域美国

发生最多的地区，全球一多半的台风都发生在这里，其次是印度洋占26%，西北大西洋占11%。

遭受台风风暴潮侵袭最为频繁的国家都分布在以上三大洋沿岸，主要包括中国、日本、朝鲜、印度、越南、孟加拉、菲律宾、美国、澳大利亚等国。由于地理位置、海底地势等因素的不同，台风登陆造成的风暴潮灾害也不同，但是风暴潮发生的频率与台风出现的频率基本是一致的。北纬20度以北的海域是受温带风暴潮影响严重的地区，而在北纬20度以南一般较少出现，即使出现，影响也很小。

我国是世界上遭受风暴潮灾害最严重的国家之一，经常遭遇到风暴潮的正面猛烈袭击。除新疆、西藏、青海、甘肃、宁夏、四川以外，其余各省自治区都有遭受热带风暴袭击的可能。南起北部湾，北到渤海辽东湾，这一区域内的沿海是台风特大暴雨带，强度从沿海向内陆呈迅速递减趋势。福建、浙江、广东、广西、海南、台湾是台风登陆最多的省和自治区，也是台风风暴潮规模最大和发生次数最多的地区。

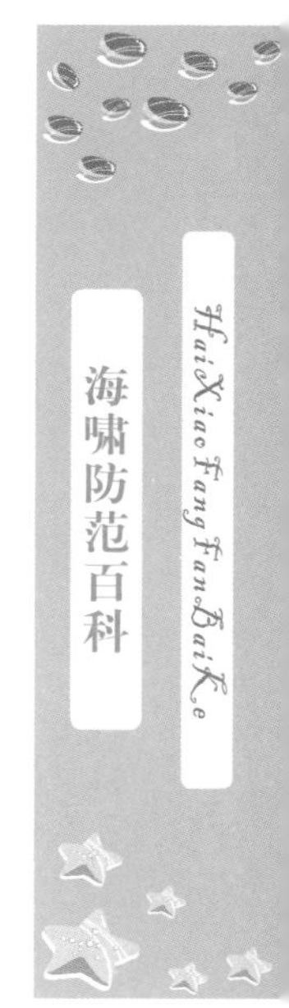

除我国外，世界上还有两个风暴潮灾害严重的国家，它们是美国和孟加拉国。美国地处中纬度，其东海岸以及墨西哥湾沿岸，濒临大西洋，多在夏、秋季节发生飓风暴潮，大致为每隔四五年发生一次，每次损失均高达数亿美元。孟加拉国邻近印度洋，位于孟加拉湾的海岸呈喇叭口状，面向印度洋，极易受风暴潮的侵袭。

温带风暴潮大多发生在中、高纬度地带的沿海国家。我国是亚洲最易遭受温带风暴潮灾害的国家之一。在渤海、黄海北部沿海地区的渤海湾、莱州湾周围地区，经常遭受东北大风袭击，产生的温带风暴潮，淹没大片土地，居民生命及财产都受到严重损失。建国后全国较为严重的温带风暴潮灾害多发生在渤海沿岸。2007年3月3日至5日凌晨，因受北方强冷空气和黄海气旋的共同影响，我国的渤海湾和莱州湾出现了一次强温带风暴潮过程，辽宁、河北和山东省的海洋灾害直接经济损失达40.65亿元。2011年8月31日至9月1日，我国的渤海沿岸发生了一次较强温带风暴潮过程，渤海湾和莱州湾均出现100厘米以上的风暴增水，灾害造成的损失前面已有叙述，在此不再赘述。另外，朝鲜、日本也经常遭受温带风暴潮灾害。

在欧洲，最易遭受温带风暴潮灾害的是地处北海和波罗的海沿岸的一些国家，如荷兰、英国、德国、比利时、挪威、波兰、丹麦、俄罗斯等。特别是荷兰，温带风暴潮引起的灾害极其惨重，1953年2月的温带风暴潮，水面高出平均水位3米多，淹没了荷兰30万公顷的土地，洪水冲毁了防护堤坝，造成800多人死亡。这次温带风暴潮同时波及英国，导致英国300多人死亡。美国和加拿大是美洲最易遭受温带风暴潮灾害的国家。

（2）主要发生时间。

一般5～11月都有可能发生因台风引起的风暴潮，发生最多的是夏、秋季节，即7、8、9三个月。台风风暴潮来势迅猛、速度极快、强度很大、破坏力超强。在台风所路经的沿岸带都可能引起风暴潮。

有关资料显示，影响我国近海的温带气旋平均每年约有50个，最多的年份还会超过100个，比如，1989年就有115个。温带气旋全年都有可能发生，但它造成的风暴潮则比较集中，多发生在春、秋季节，夏季也时有发生。温带气旋的主要特点是增水过程比较平缓，增水高度低于台风风暴潮。温带风暴潮的成灾地区主要集中在渤海和黄海沿岸，南部一直延伸到长江口，其中最易受灾的地方是莱州湾沿岸和渤海湾沿岸地区。

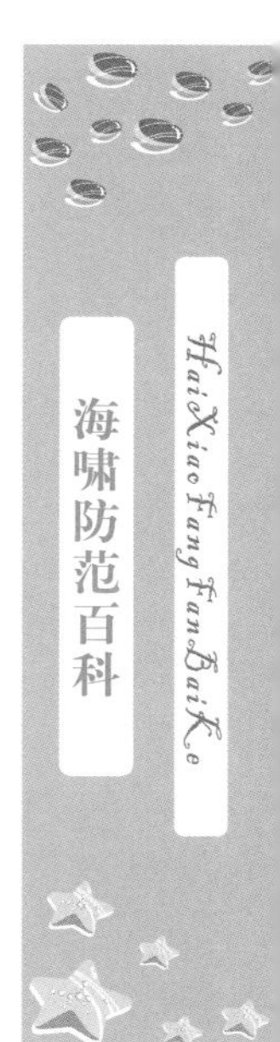

中国近海的温带气旋

8. 世界历史上的风暴潮灾害

1959年9月26日，风暴潮袭击了日本的名古屋一带，这也是日本历史上最严重的风暴潮灾害，最大风暴增水3.45米，最高潮位5.81米，受灾人口达到150万人，死亡5180人，直接经济损失为852亿日元。

1969年8月17日，“卡米耳”飓风袭击了美国墨西哥湾沿岸，飓风风暴潮增水7.5米，风暴潮增水记录达到世界实测最高，给美国墨西哥湾沿岸造成了巨大损失，其中144人在这次灾难中丧生，经济损失达12.8亿美元。

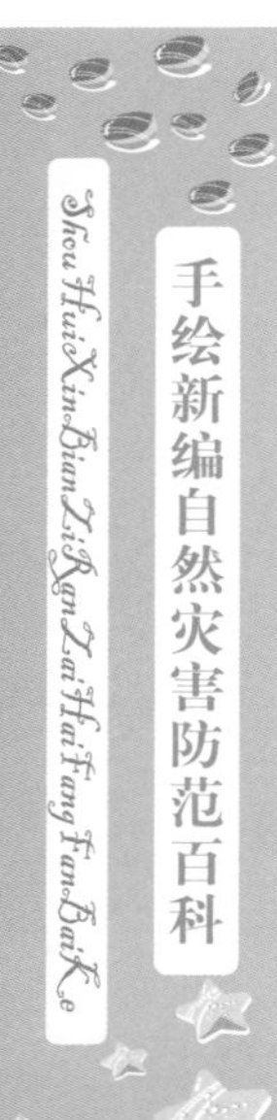

1970年11月13日，在孟加拉湾沿岸发生了一次震惊世界的热带气旋风暴潮灾害。这次增水超过6米的风暴潮造成了恒河三角洲一带30万人丧生，溺死牲畜50万头，使100多万人失

日本名古屋

去家园。1991年4月再次发生特大风暴潮，在有了热带气旋及风暴潮警报的情况下，仍然夺去了13万人的生命。

2005年8月29日，美国墨西哥湾地区遭受“卡特里娜”风暴潮肆虐，飓风登陆时海浪高达6米以上，造成新奥尔良市堤防溃决，死亡人数达到1209人，经济损失高达1250亿美元。

荷兰是一个低地国家。历史上，荷兰曾不止一次被海水淹没，又一次次进行生生不息的灾后重建。目前，荷兰境内需要被防潮大堤保护的土地约占荷兰全部国土的3/4。

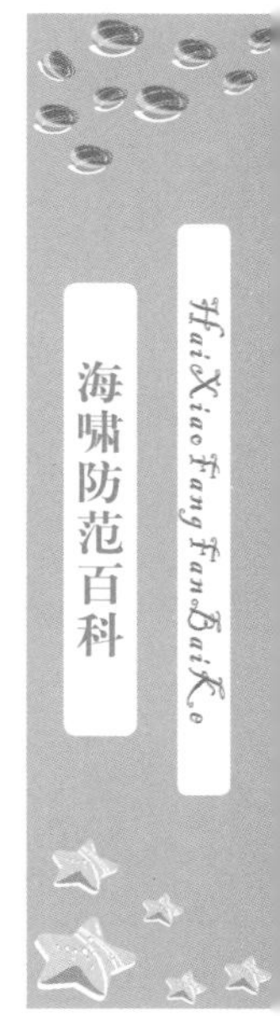

9. 中国的风暴潮灾害

我国大陆东部濒临渤海、黄海和东海，南部还有广阔的南海海域，地跨44个纬度，海岸线长达1.8万千米，沿岸时常遭受台风、温带气旋或寒潮大风的袭击，是世界上风暴潮灾害最严重的国家之一。统计资料显示，我国风暴潮的多发区多集中在渤海湾至莱州湾沿岸，江苏省小羊口至浙江省北部海门港及浙江省温州、台州地区，福建省宁德地区至闽江口附近，广东省汕头地区至珠江口，雷州半岛东岸和海南岛东北部等岸段。近400年来，渤海湾沿岸已经发生过30多次较大的潮灾。莱州湾沿岸也是风暴潮多发区之一，1644～1911年的268年中，共发生潮灾45次，较大的有10次，特大的有3次，最大增水在3米以上，超过警戒水位1.5米，海潮侵入内陆数十千米。

东南和华南沿海是中国受台风侵袭最多的地区，广东、广西、福建、台湾、浙江和上海是台风风暴潮的多发区。

10. 风暴潮的预测与防范

（1）风暴潮的预测。

风暴潮作为一种严重的自然灾害，通常是大风引起的增水或天文大潮高潮叠加的结果。由于风暴潮造成的灾害非常严重，因此，人们在20世纪二三十年代就开始对风暴潮进行研究和预报了。那时，世界主要的海洋国家结合潮汐预报和天气预报，对风暴潮进行预测和预报工作。一些受风暴潮影响严重的国家先后成立了预报机构。例如，1931年，荷兰建立了风暴潮警报机构，1953年英国建立了风暴潮警报。美国对风暴潮的预报，可谓是费尽苦心，自1936年以来，美国国会曾三次通过责成有关部门开展风暴潮研究与预报的有关法案，除美国国家飓风中心发布预报外，以夏威夷和阿拉斯加两个州为代表的沿海各州的气象机构也制作邻近海域的风暴潮预报。

20世纪70年代初，风暴潮的预报系统在我国建成，1974年，国家海洋水文气象预报总台（现为国家海洋环境预报中心）正式向全国发布风暴潮预报。经过这些年的发展，预报设备不断更新，从最初的电报、电话，发展到目前的电视广播、传真电报和电话等传媒手段。现在我国国家海洋局所属的三个分局预报台及海南省海洋局预报区台、部分海洋站、

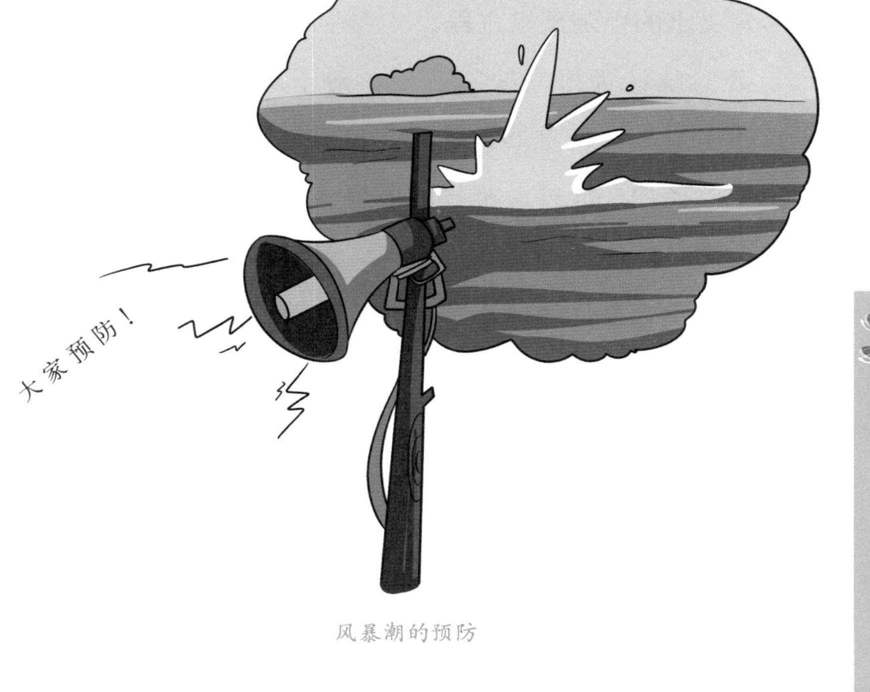

风暴潮的预防

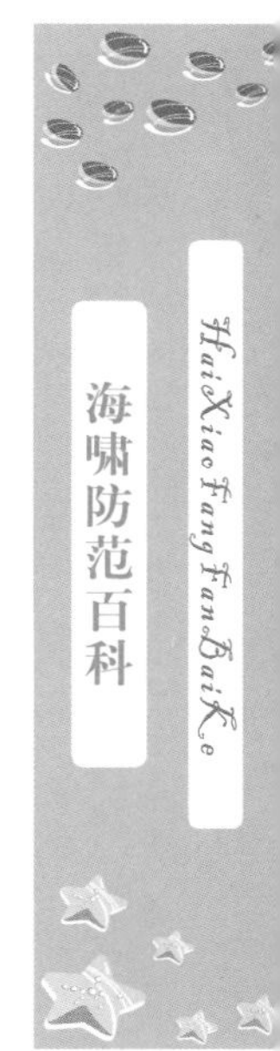

水利部所属的沿海部分省市水文总站和水文、海军气象台等单位都已经开展了所辖省、地区和当地的风暴潮预报，全国性的预报网络已经形成。

一般将风暴潮预报分为两大类："经验统计预报"和"动力—数值预报"。

经验统计预报：主要用回归分析和统计相关资料来建立指标站的风和气压与特定港口风暴潮位之间的经验预报方程或相关图表。这种预报方式的优点是能具备很高的精度，且便利、简单、易于学习和掌握。但是它不是短期内可以达到的，必须以特定港口长时间的验潮资料和有关气象站的风和气压的历史资料为基础，然后根据以上材料回归出一个在统计学意义上的稳定预报方程。

经验统计预报的缺陷在于，对于那些没有足够资料的港口不但得不出稳定的方程式，预报也存在不确定性，所以根本无法使用。此外，推导的方程式及相关图表资料只适用于特定港口，不适用于其他港口。就算港口资料较为充足，但是历史上大型风暴潮发生很少，多为中、小型风暴潮，所以大型风暴潮的预报资料就会有所不足，达不到很高的准确度，不过对于发生较多的中型风暴潮，准确度很高。

动力—数值预报，即风暴潮数值预报：这种预报方式结合了“数值天气预报”和“风暴潮数值计算”，并将其组合成统一整体来运用。数值天气预报是风暴潮数值计算的基础，因为它为风暴潮提供了所需的海上风场和气压场的预报，即大气强迫力的预报。

风暴潮数值计算是在掌握大气强迫力的前提下，在适当的条件下求解风暴潮的基本方程组，从而得到风暴潮的相关信息。比如，随时间变化的风暴潮位过程曲线，对风暴潮的预报很有意义，这种方法是风暴潮预报发展的主要方向。

（2）风暴潮的防范。

随着世界人口的增加，社会经济和工业的发展，沿海各国越来越重视风暴潮的防范，因为大陆之间相隔的是海洋，人们要跨越海洋进行交流，这样许多沿海地区就成为了经济发展的重点地区，因而遭受灾害的损失也随之加大，在一些地区风暴潮和海啸等灾害已经严重影响和制约了经济发展。

日本和美国经常受到风暴潮的袭击。日本政府很重视防灾、减灾工作，不仅建设了良好的工程设施，还对全民进行了防灾教育，政府还制定了一系列应急措施。美国等发达国家运用高科技装备实现了预警系统的现代化、自动化，对风暴潮的监视、监测、预警、通信、服务等基本做到了实时、高速、优质。尤其是美国不仅由所属海洋站的浮标、船只，以及卫星等自动化仪器实现对风暴潮的自动监测，还能通过世界卫星通信系统进行定时传输，大大地提高了时效，整个预警过程的时间间隔不超过3小时。

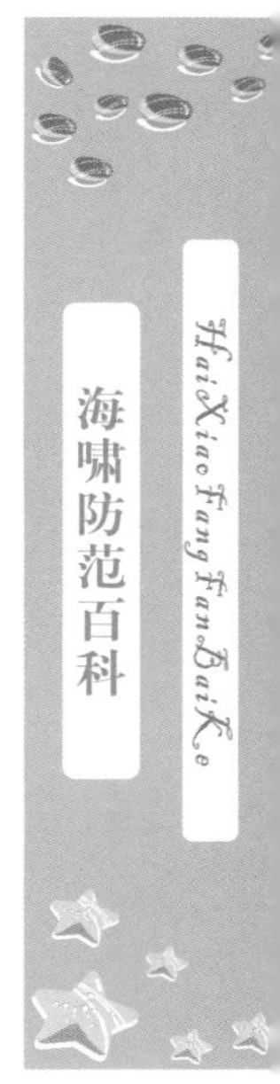

我国对风暴潮灾的防范工作也十分重视，在设备和技术方面都得到了日益加强。目前在沿海地区建立的由海洋站、验潮站组成的监测网络共280多个，而且都配备了比较先进的仪器和计算机设备，并利用电话、无线电、电视和基层广播网等传媒手段，进行灾害信息的传输，对特大风暴潮的预报和警报都起到了比较好的作用。与此同时，沿海城市相关政府部门对灾害的防范也制定了较为周密的应对措施。

（三）地震与海啸

1. 揭开地震的面纱

（1）地震现象简介。

地震是大地发生的强烈而突然的震动。地震发生时，时间非常短暂，瞬间即逝。一次大地震能释放出大量能量，并且会伴随强烈的断层错动和地面变形，在很短的时间内会造成巨大的损失。在很早之前，地震就引起了人们的高度重视。我们的祖先在公元132年就创制出地震测试仪器。东汉张衡制成了世界上第一架地动仪，并且在公元138年成功预测了

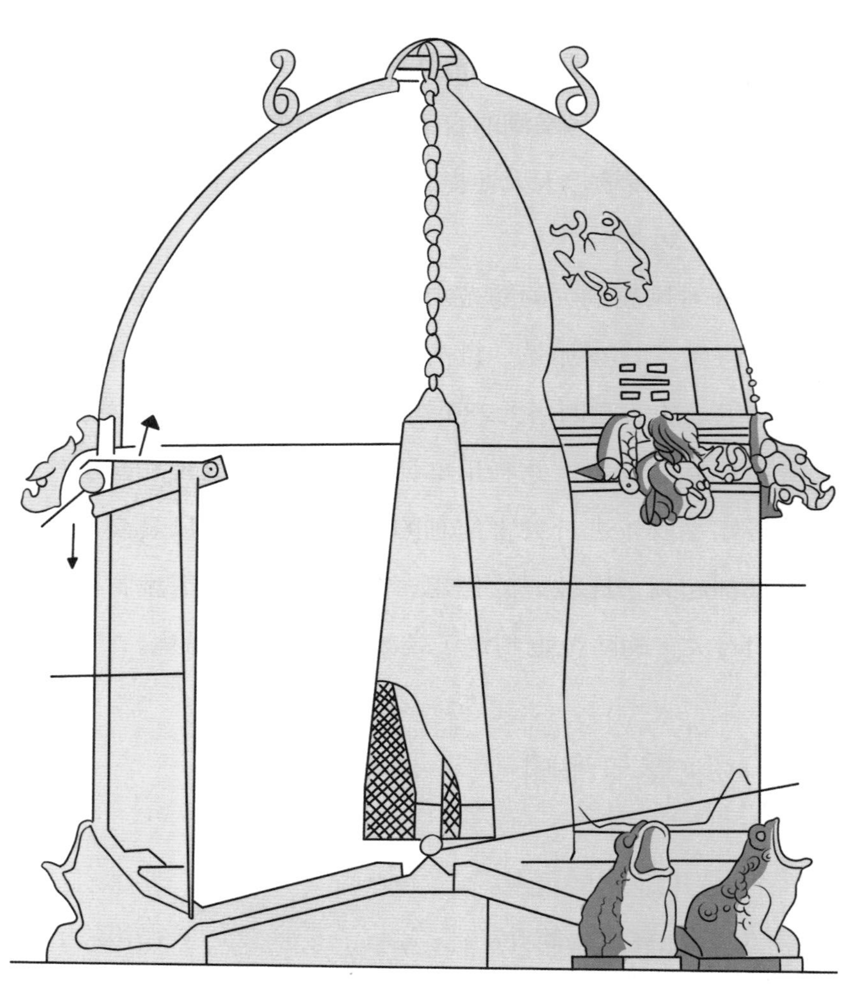

张衡制造的候风地动仪

陇西的一次地震。

20世纪60年代，板块构造学说发展起来，把地球上地震的地理分布和全球板块构造联系起来。板块与地震两种机制结合起来研究，加快了人们对地震成因的认识，推动了地震预测的发展。

（2）地震的几个关键词。

震源：地震波发源的地方。震源在理论上抽象地表现为一个点，它实际是一片区域。

震源深度：震源到地面的垂直距离。震源深度小于60千米的地震，称为浅源地震（正常深度地震），世界上大多数地震都是浅源地震，我国绝大多数地震也为浅源地震。

震源深度为60～300千米的地震称为中源地震。

震源深度大于300千米的地震称为深源地震。目前世界上记录到的最深地震，震源深度为700多千米。同样大小的地震，震源越浅，所造成的破坏越严重。

震中：震源在地面上的垂直投影。

（3）地震震级划分。

地震有强有弱，用什么来衡量地震的大小呢？科学家对衡量地震有自己的一把“尺子”。衡量地震大小的“尺子”叫做震级。震级与震源释放出来的弹性波能量有关，它可以通过地震仪器的记录计算出来，地震越强，震级越大。

我们用地震仪测定的、每次地震活动释放的能量多少来确定震级。我国目前使用的是国际上通用的里氏分级表作为

震级标准，里氏分级表共分九个等级。在实际测量过程中，震级是根据地震仪对地震波的记录计算出来的。

震级通常用字母“M”表示，它与地震所释放的能量有关，是表征地震强弱的量度。一个6级地震释放的能量相当于美国投掷在日本广岛的原子弹所具有的能量。震级每相差1级，能量就会相差大约32倍；每相差2级，能量就会相差约1000倍。换句话说，一个6级地震就相当于32个5级地震，而一个7级地震就相当于1000个5级地震。目前世界上发生的最大的地震震级为8.9级，可以想象它释放的能量有多大。

按震级大小，我们可以把地震划分为以下几类：震级小于3级称为弱震。如果震源不是很浅，弱震一般不会被觉察。震级等于或大于3级、小于或等于4.5级称为有感地震。有感地震人们能够察觉，但是一般不会造成破坏。震级大于4.5级、小于6级称为中强震。中强震会造成破坏，但破坏程度还与震源深度、震中距等多种因素有关。震级等于或大于6级称为强震。巨大地震震级大于等于8级。震级越小的地震，发生的次数就会越多；震级越大的地震，发生的次数就会越少。一说到地震，人们就会毛骨悚然，但其实地球上的有感地震很少，仅占地震总数的1%，而中强震、强震就更少了。

（4）地震烈度划分。

同一次地震，在不同的地方造成的破坏也会不一样；震级相同的地震，造成的破坏不一定会相同。那我们用什么来衡量地震的破坏程度呢？科学家们又“制作”了另一把“尺

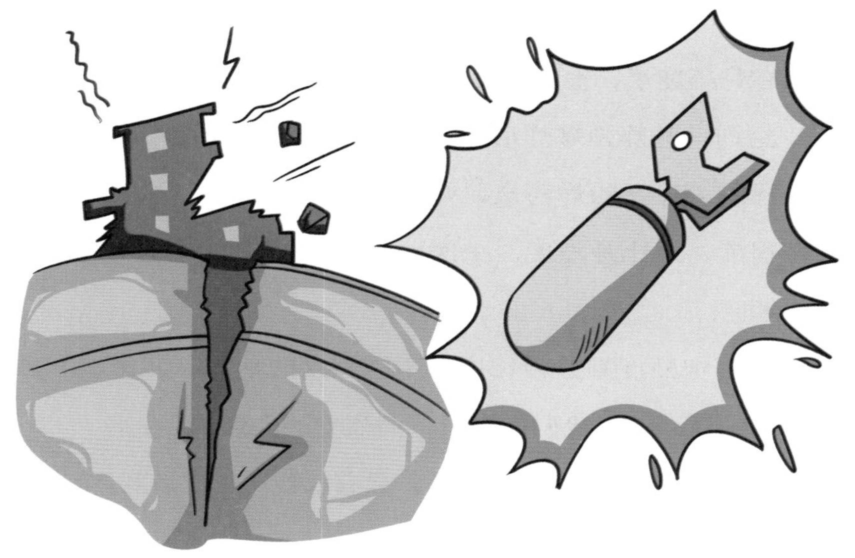

地震烈度

子”——地震烈度来衡量地震的破坏程度。

地震在地面造成的实际影响称为烈度，它表示地面运动的强度，也就是我们平常所说的破坏程度。震级、距震源的远近、地面状况和地层构造等都是影响烈度的因素。同一震级的地震，在不同的地方会表现出不同的烈度。烈度是根据人们的感觉和地震时地表产生的变动，还有对建筑物的影响来确定的。一般情况下仅就烈度和震源、震级之间的关系来说，震级越大、震源越浅，烈度也就越大。

一般情况下，一次地震发生后，震中区的破坏程度最严重，烈度也最高，这个烈度叫做震中烈度。从震中向四周扩展时，地震烈度就会逐渐减小。例如，1976年河北唐山发生的7.8级大地震，震中烈度为11度；天津受唐山地震的影响，地震烈度为8度，北京市烈度为6度，再远到石家庄、太原等就只有4～5度了，地震烈度逐渐减小。

这与一颗炸弹爆炸后，近处与远处破坏程度不同的道理是一样的，炸弹的炸药量，好比是震级；炸弹对不同地点的破坏程度，好比是烈度。一次地震可以划分出好几个烈度不同的地区。

我国把烈度划分为12度，不同烈度的地震，其影响和破坏也不一样。下面我们来看看不同烈度的大致表现：

烈度小于3度人们感觉不到，只有仪器才能记录到；3度如果发生在白天喧闹时也感觉不到，如果是夜深人静时人能感觉到；4～5度时吊灯会摇晃，睡觉的人会惊醒；6度时器皿会倾倒，房屋会受到轻微损坏；7～8度时地面出现裂缝，房屋会受到破坏；9～10度时房屋会倒塌，地面会受到严重破坏；11～12度属于毁灭性的破坏。

（5）地震分类。

地震一般可分为人工地震和天然地震两大类。由人类活动如开山、开矿、爆破等引起的地表晃动叫人工地震，其余便统称为天然地震。天然地震按成因主要分为以下几种类型：

构造地震：是由地壳运动引起地壳构造的突然变化，地壳岩层错动破裂而发生的地壳震动，也就是人们通常所说的地震。地球不停地运动，不停地变化，从而使内部产生巨大的力，这种作用在地壳单位面积上的力，称为地应力。在地应

开矿

力长期缓慢的作用下，地壳的岩层发生弯曲变形，当地应力超过岩石本身所能承受的强度时便会使岩层错动断裂，其巨大的能量突然释放，以波的形式传到地面，从而引起地震。世界上90%以上的地震属于构造地震。强烈的构造地震破坏力非常大，是人类预防地震灾害的主要对象。

火山地震：是指由于火山活动时岩浆喷发冲击或热力作用而引起的地震。火山地震一般较小，造成的破坏也极少，而且发生的次数很少，只占地震总数的7%左右。目前世界上大约有500座活火山，每年平均约有50座火山喷发。我国的火山多数分布在东北的黑龙江、吉林和西南的云南等省。黑龙江省的五大连池、吉林省的长白山、云南省的腾冲及海南岛等地的火山在近代都喷发过。

火山和地震都是地壳运动的产物，它们之间有一定的联

五大连池

系。火山爆发有时会激发地震的发生，地震若发生在火山地区，也常常会引起火山爆发。

陷落地震：一般是指因为地下水溶解了可溶性岩石，使岩石中出现空洞，空洞随着时间的推移不断扩大，或者由于地下开采矿石形成了巨大的空洞，最终造成了岩石顶部和土层崩塌陷落，从而引起地面震动。陷落地震震级都比较小，数量约占地震总数的3%。最大的矿区陷落地震也只有5级左右，我国就曾经发生过4级的陷落地震。陷落地震对矿井上部和下部仍会造成比较严重的破坏，且威胁到矿工的生命安全，所以不能掉以轻心，应加强防范。

（6）地球上主要地震带的分布。

地球上大多数地震都发生在呈带状分布某一特定的地区，我们把这叫做地震活动带。地震的分布是有规律的，世界上的地震主要集中分布在三大地震带上，即环太平洋地震带、地中海—喜马拉雅地震带（欧亚地震带）和海岭地震带。

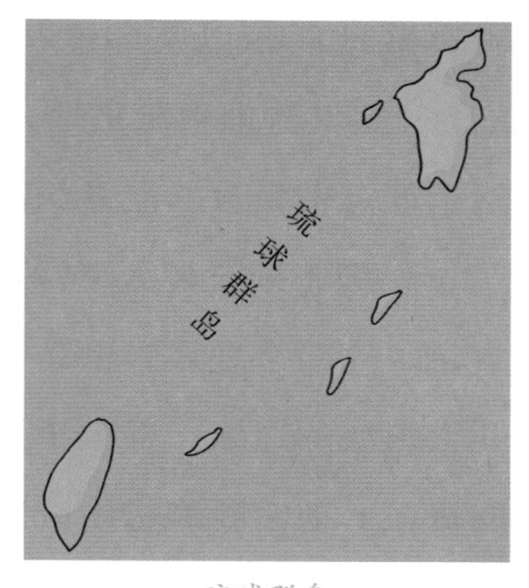

琉球群岛

环太平洋地震带：是地球上最主要的地震带，世界上80%的地震都发生在这里。它像一个巨大的环，围绕着太平洋分布，沿北美洲太平洋东岸的美国阿拉斯加向南，经加拿大本土、美国加利福尼亚和墨西哥西部地区，到达南美洲的哥伦比亚、秘鲁和智利，然后从智利转向西，穿过太平洋抵达大洋洲东边界附近，在新西兰东部海域折向北，再经斐济、印度尼西亚、菲律宾，我国的台湾、琉球群岛，以及日本列岛、千岛群岛、堪察加半岛、阿留申群岛，回到美国的阿拉斯加，环绕太平洋一周，也把大陆和海洋分隔开来，环太平洋地震带地震释放的能量约占全球地震释放能量的76%。又因为该地震带多是火山群岛，因此也有人把这称为“火环”。

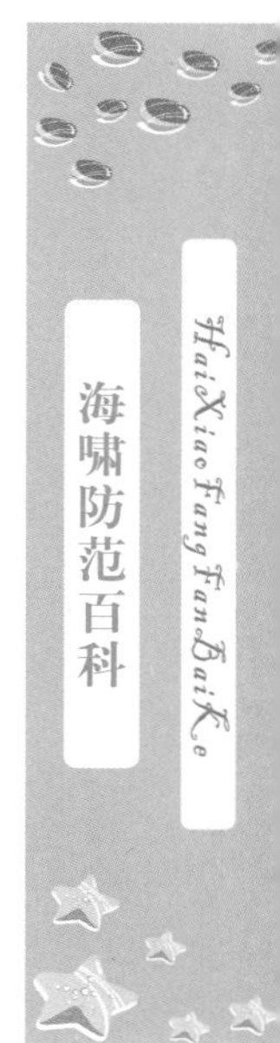

阿尔卑斯—喜马拉雅山地震带：也叫做欧亚地震带。横贯亚欧大陆南部、非洲西北部地震带，它是全球第二大地震活动带。这个地震带全长为2万多千米，跨欧、亚、非三大洲。

阿尔卑斯—喜马拉雅山地震带主要分布于欧亚大陆，从印度尼西亚开始，经中南半岛西部和我国的云、贵、川、青、藏地区，以及印度、巴基斯坦、尼泊尔、阿富汗、伊朗、土耳其到地中海北岸，一直延伸到大西洋的亚速尔群岛。这个地震带释放的能量约占全球所有地震释放能量的22%。

中国正处于环太平洋地震带与阿尔卑斯—喜马拉雅山地震带，这两个地震带都是十分活跃的地震带，同时又都位于几大板块的边缘，受太平洋板块、印度板块和菲律宾海板块的挤压，地震断裂带十分发育，主要地震带就有23条，这里最常发生破坏性地震和少数深源地震。

海岭地震带：也叫做大洋中脊地震带，沿着大洋中脊分布在太平洋、大西洋、印度洋中的海岭（海底山脉），强度一般都不大。还有，贝加尔湖，东非、西欧、北美，中国东部裂谷系，有时也有强烈地震。

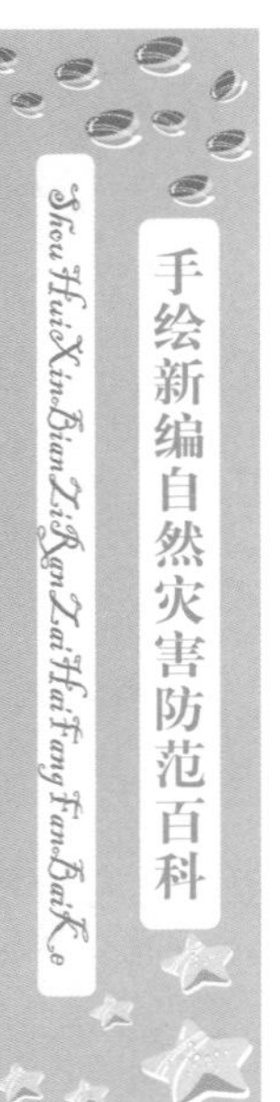

贝加尔湖

(7) 可以引发海啸的地震。

海啸一般伴随着地震的发生而发生，但并不是所有地震都会引发海啸。地震不只发生在海洋，也发生于陆地。通常情况下，只有发生在海洋中的地震才可以引发海啸。

地质学界有种说法："有地震必有断层"。我们前面介绍的三种板块边界状态，都会产生断层，但出现的结果并不相同，应该说，只有汇聚型板块边界发生地震时，才容易产生海啸。因为分离型是平拉开，转换型是平推，不会对海水水体产生很大的提升或压迫作用。但是，这只是我们的主观分析，这些状态并不像我们想象的这么简单。重要的是，地震是否对海水有"升、降"作用。

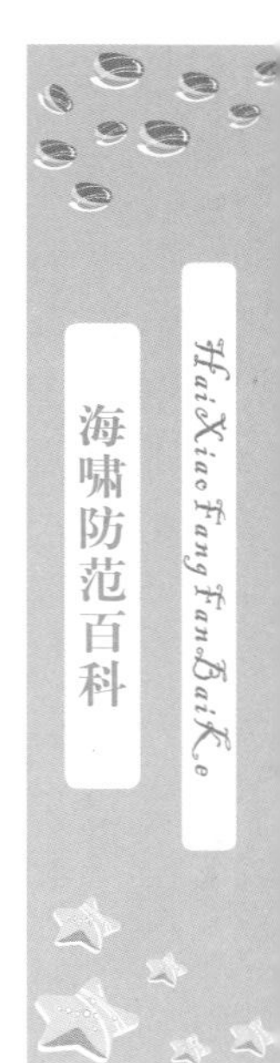

引发海啸的地震

据统计，全球有记载的破坏性地震海啸约发生260次，其中，约有85%的地震海啸分布在太平洋的岛孤—海沟地带，这一地区正是汇聚型板块俯冲向下的地区。但是，向下俯冲过程中，过程顺利的话，沿断层自由地缓缓滑动，也不会产生地震。

（8）地震海啸的研究。

由地震而引发的海啸，其破坏力是相当惊人的。比如，1896年发生在日本三陆的近海地震伴生的海啸，形成几十米高的海浪冲上沿岸陆地，造成27122人丧生。

地震海啸不仅在震中区附近造成破坏，有时还会波及几

海啸的研究

千米以外的地区，让人防不胜防。1960年智利8.9级大地震，波及遥远的日本和美国，造成相当大的破坏。在日本，海啸浪高20米，将一条渔船抛到岸上压塌了一栋民宅。

2004年发生在印度尼西亚海域的8.9级大地震，人们至今还记忆犹新。这次地震直接造成的死亡人数只有数千人，但这次地震引发的海啸却波及整个印度洋沿岸，造成包括印尼、印度、泰国、缅甸、斯里兰卡、马来西亚、孟加拉国、马尔代夫等国家，有超过30万人丧生。

2010年2月27日14时，智利中部近岸发生了里氏8.8级强烈地震，并引发了海啸，导致802人遇难，遇难者中的大多数都是因为海啸而丧生。

2011年，北京时间3月11日13时46分，日本东北部近海发生了9级强烈地震，并引发了特大级海啸，本次海啸灾害不仅对日本东北部沿海造成了巨大的损失，对太平洋沿岸的其他国家和地区也都造成了不同程度的影响。

海啸造成的巨大危害严重影响了海洋沿岸居民的正常生活，并造成越来越严重的经济损失。1883年喀拉喀托火山爆发引起的大海啸，使人们越来越深刻地认识到海啸的危害，促使人们更加重视海啸的研究。此后的理论研究内容包括四个方面：海啸的产生原理，海啸在大洋中如何传播？海啸在近岸带中如何传播？海湾内和大陆架上的海啸动力学研究。

下面我们就简单了解一下地震海啸的研究概况及结果。

19世纪初，法国数学家提出求解小振幅波的初值问题。小振幅是海啸波的特点，波面起伏不大。这项研究为海啸研究奠定了理论基础。

从20世纪50年代开始，科学家对海啸作了多方面的试验研究：

将海啸发生区域按比例缩小在大型水槽中进行物理模拟试验。

数值模拟：数值模拟也叫计算机模拟。它以电子计算机为手段，通过数值计算和图像显示的方法，达到对工程问题和物理问题乃至自然界各类问题研究的目的。

电模拟。

人工海啸试验：在外海的水上或水下爆炸进行试验。

海啸的危害主要在于海啸登陆时对沿岸居民及设施的破坏。但是，如果海啸在深海传播时，由于波高和波长之比很小，周期会比较长，因此，船舶行驶在海啸波传播的海面上，对船舶不会造成破坏，船舶也难以察觉到海啸波。所以在海啸发生时，船要离港离岸，驶向外海才能有效地避开海啸的危害。

海啸的发展，受多方面因素的影响，比如，其发源地的特性和几何特征、海底变形的大小、地震的持续时间和强度等。

通常情况下，海啸发源地的海底断层呈狭长带状。海中的山脊都是引导或约束海啸波传播的地势，这种地势有利于海啸波能量显著集中从而使波高增大，所以能量辐射的方向性表现得特别明显。另外，海啸波在传播过程中如果遇到海岸边界、海岛、半岛、海角等障碍物时就会发生绕射。海啸进入湾内后，波高会急剧增大，尤其是在三角形或漏斗形的湾口处更是如此，这时在湾内的最大波高通常为海湾入口处的3～4倍。海啸波在湾口和湾内会反复反射，诱发湾内海水的固有振动，造成波高激增，这时可能会出现几十米的大波和波峰倒卷。

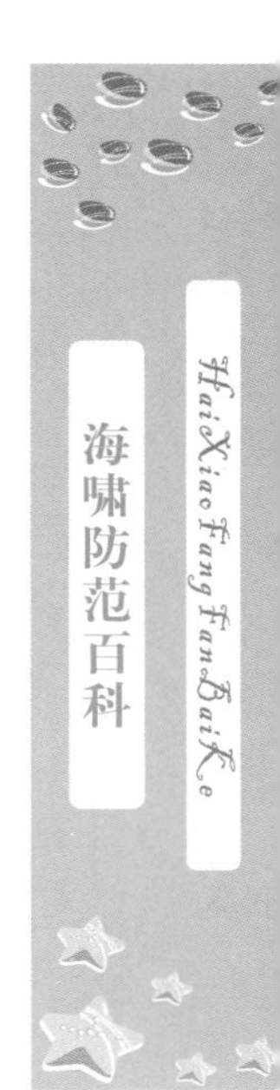

2. 地震海啸的产生条件

地震海啸的产生需要一定的条件，主要包括以下五个条件：

（1）地震发生的形式，即前面讲的汇聚型板块边界，发生了一侧岩石圈俯冲于另一侧岩石圈之下的地震形式。

能够引发海啸的地震需要有一种能量能把大量海水突然抬起或大量海水突然下降，然后扩散至周围，形成整体海水（从海面到海底）的波动。2004年的印度洋大海啸就是海底突然下陷而引发的地震海啸。位于苏门答腊岛西南岸处的地震震中位于欧亚板块的南部边缘，印度洋板块沿印度洋东北缘的爪哇海沟俯冲于苏门答腊、爪哇等岛屿之下，其下沉速度是很缓慢的，大约是一年6厘米，按说这样的速度不

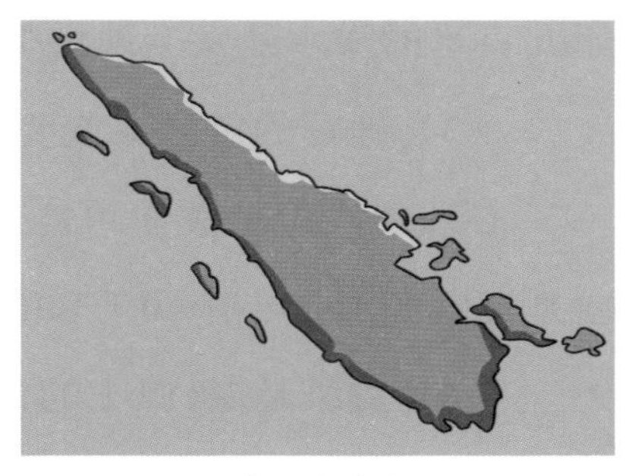
苏门答腊岛

会引发地震的产生。巧合的是，在深5～50千米的一段断层带，上下两侧板块紧紧地耦合（物理学上指两个或两个以上的体系或两种运动形式之间通过各种相互作用而彼此影响以至联合起来的现象）在一起，使这个断层带卡死了。在北移的印度洋板块挤压下断层上方的苏门答腊西南缘一带，年复一年，积聚起越来越大的应变能，就像一块木板被两端向中间弯曲用力。当力量累积、岩石弯曲程度增大到岩石无法承受时，这段被锁住的断层突然断开，出现错动，苏门答腊西南缘地块反弹回原来的位置，这就造成了一场可怕的地震海啸灾难的来临。这也是“弹性回跳说”的具体体现。根据印度尼西亚官方资料记载，2005年一年之间这一地区发生的地震达8893次之多！震级一般都在里氏4.5～6.8级之间，其中4月是最频繁的月份，共发生1142次。以上数字可以看出，靠近苏门答腊沿海的一条地质断层带的地质活动多么活跃。

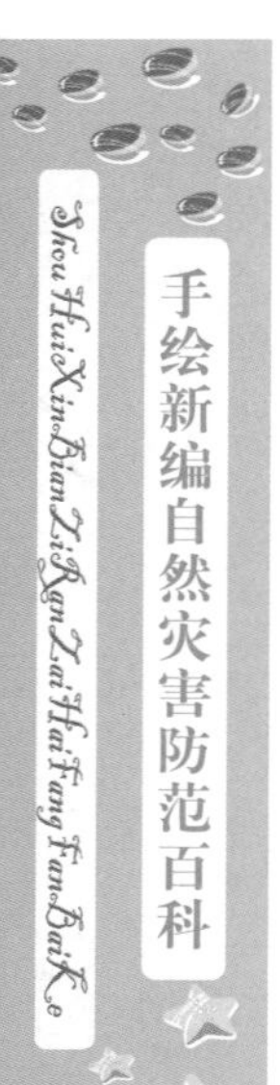

（2）海水的深度达几百米甚至几千米。

只有引起深达几百、几千米的海水整体（从海面到海底）波动，这样的能量才可引起巨大破坏力。也就是说，小于几百米的浅水处发生地震引发海啸的可能性很小。

（3）地震的震源深度要小于60千米。

必须是浅源地震才可能形成地壳及海水的重大变化，也就是说震源深度小于60千米的地震才会引发海啸。

（4）震级是7级以上的大地震。

这也是一个能量问题，震级太小的话不足以引起海水整体波动或其波动能量不够大。通常，震级在7级以上才会形成海啸。

（5）海底与海岸的地形条件。

前面已经讲过，地震引发海啸以后，海啸在大海中传播时，虽然能量巨大，但这时海水整体传播，能量分散至广阔无边的海面上，海上行驶的船舶甚至觉察不到海啸的存在，也不会对船舶造成损坏。但是，一旦海啸进入地形较狭窄的湾口、港口时，能量集中在一起而得不到分散的话，就会形成十到几十米高的“水墙”，并冲向海岸，对沿岸的村落、居民、建筑、各种设施，以及湾内的船舶等造成巨大的伤害。不过，如果在离海岸很远处，比如，几百千米以外时，海底地形就开始有了变化，海水逐渐变浅，对海啸的能量提前造成损失，它到了岸边能量几乎消耗殆尽，也就没有什么破坏力了。这就是地形的影响。

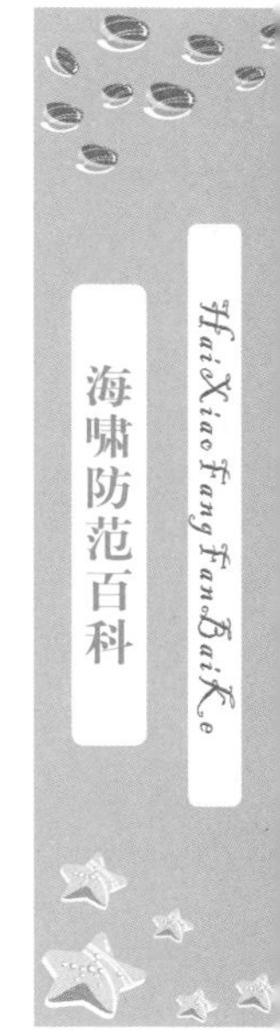

3. 地震海啸的分类

海啸可分为气象变化引起的风暴潮、火山爆发引起的火山海啸、海底滑坡引起的滑坡海啸和海底地震引起的地震海啸四种类型。其中地震海啸在发生地震时，海底地形的变动有两种形式：“下降型”海啸和“隆起型”海啸。这两种形式都会引起波动，形成巨大海啸。

（1）“下降型”海啸。

在地震发生时，海底地壳大范围下陷，随着迅速下陷，海水也会蜂拥而至，从而出现下陷地壳上方囤积大规模海水的情况。但是地壳下陷并不是无休止的，当下陷停止，海水突然受到阻力，就像某种东西飞速前进，忽然撞击上一个固体，那么这个东西必然会被弹出去，这时候的海水运动原理跟这一样，随即翻回海面的海水产生压缩波，形成长波大浪，并向四周传播与扩散。在这里我们可以联系到另一个知识点——海啸来临的前兆，异常退潮现象的发生，一般都是由于这种下降型的海底地壳运动而形成的。

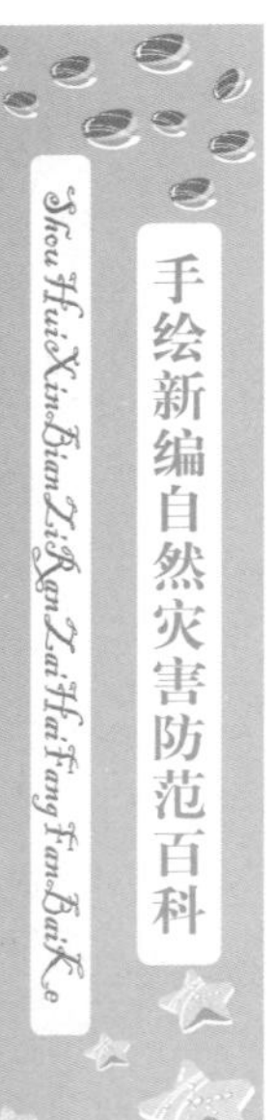

下降型海啸

（2）“隆起型”海啸。

一些地震会造成海底地壳大范围上升，海水随着隆起一起抬升，并在隆起区域上方出现大规模的海水积聚，而又在重力作用下，为了保持相对平衡，向四周扩散开去。这就形成了汹涌的巨浪，一般这种海啸来临前的前兆都会出现异常涨潮现象。

4. 海啸的类型

按照从源地到岸边的距离来分，海啸一般有两种类型：一是本地海啸，二是遥海啸。

本地海啸从源地到岸边距离不到100千米，海啸波传播速度很快，到达沿岸的时间只需要几分钟，或几十分钟而已。速度快到接到海啸波预警之后已经来不及防御，从而造成极大的灾害。

遥海啸，指的是从大洋深处或横越大洋传播而来的海啸波。遥海啸波是一种波长可以长达几百千米的长波，周期能够达到几个小时。这种长波在传播过程中几乎能够保持能量不减，所以在传播到几千千米以外仍能造成很大的灾害。但

本地海啸

是因为这种海啸发生距离较远，海啸波的速度远远快于海啸的传播速度，因此可以相当准确地预测它的到来，这样就很容易警告和疏散可能受到影响的人们。1755年里斯本地震海啸属于本地海啸，而1960年智利发生地震后，又在夏威夷引发海啸的灾害则属于遥海啸。

在这里，需要注意的是，一次海啸的发生过程中，关于本地海啸和遥海啸的分类并不是绝对的。比如，在2004年12月26日，印度尼西亚的苏门答腊岛附近海域发生的8.9级强烈地震，同时引发了巨大的海啸，地震的震中就是海啸波的发源地。海啸波从发源地到印度尼西亚受灾最严重的班达亚齐只用了几十分钟，对于印度尼西亚来说，这就是本地海啸；但是对于印度、斯里兰卡、马尔代夫、泰国、缅甸、马来西亚等国来说，海啸波传播需要好几个小时，就属于遥海啸的范畴了。

5. 海啸的危害

（1）海啸对海洋生态环境的影响。

印度洋海啸不仅严重地危害了印度尼西亚的人民生命、财产安全，而且还严重破坏了陆地和海洋生态环境，灾害是转瞬之间就能造成的，但是要恢复则需要长期的努力。

印度尼西亚农业部的有关统计资料指出，频繁的海啸冲毁了印尼境内37000公顷的土地，其中包括一些即将丰收的稻田和杂粮田。海啸造成的危害是长期的，海啸过处，不只

凶猛的海啸

是田地庄稼被冲毁，耕地被海啸冲过之后含盐分极高，需要很长一段时期用清水冲刷去盐，但是有些耕地已经很难再恢复了。

印度洋海啸冲入印尼境内的班达亚齐以及沿海其他一些重要城镇2～3千米，甚至有些距离海岸边10多千米以外的地方也遭到了海水侵袭。海水不仅冲毁了农作物，更使得房屋倒塌、家畜死亡，还破坏了大片土壤的表层养分。

大海啸冲击灾区产生的污水，严重污染了水源。造成这些地区内的食用水井和城市水源严重盐化，在治理之前的一段时间内，这些水源全都不能饮用。而工业与家庭污染物质随着海啸的冲击被带到附近的水源与土壤中，又加重了环境的污染。

冲向陆地的大海啸虽然起源于海中，但也会对当地的海洋生态造成重创，珊瑚礁、红树林和海洋鱼类都受到严重的污染。印尼巴厘岛的国际环保组织负责人曾指出，印度洋海啸对生态造成的破坏极为明显，当地海床的水草和红树林都受到破坏，影响最为严重的是珊瑚礁，这种海洋生物需要几百年的时间才能得到恢复。珊瑚礁为鱼类的繁殖提供了良好的环境，一旦珊瑚礁受损，环印度洋的渔业也必然会受到长远的不利影响。

珊瑚礁和红树林都是鱼类繁殖的良好环境，它们对沿海地区也有重要的保护作用。这里有一个很著名的例子可以解释这一观点。马尔代夫地势较低，受到的海啸危害本应更大、更严重，但此次海啸中死亡人数却远远低于泰国的普吉地区，专家们针对这一现象进行研究发现这是因为马尔代夫在发展旅游

红树林

过程中注重珊瑚礁的保护，而泰国普吉地区为了推动旅游业发展，铲除了沿海的一些红树林，因此加重了受灾程度。后来，班达亚齐市有关负责人在讨论重建规划的过程中对这一点非常重视，在沿海一带的规划中准备开辟出500～2000米宽的红树林新绿化带，以增强对海岸线的保护，并在规划中使居民区远离海滩，以降低沿岸居民受灾的可能性。

印度洋地震和海啸也对震中周围的一些岛屿产生了影响。印尼一些地质专家在实地考察后发现，距离震中较近的部分岛屿的地形已经发生了明显的变化，尤其是锡默卢岛出现了北翘南沉的地形变化。而印尼历史上受灾最为严重的米拉务镇到班达亚齐一带的海岸线已经下沉了1米左右，导致部分海滩消失。这些变化对当地海洋生态产生的都是负面影响。

（2）海啸对海洋生物的影响。

海啸灾害对海洋生物也有很大的影响，现在，受灾地区的一些濒危海洋生物，引起了科学家的忧虑，此外，让科学

海啸危及生物

家关心的，还有那些动物赖以生存的栖息地。

一位印度海洋生物学家在安达曼和尼科巴群岛调查生态系统的受灾情况时发现，许多种类的海龟，最年幼的一代已被海啸带走。海龟的产卵季节一般在11月至次年1月之间，但是海啸过后，由于地壳构造运动，位于南安达曼、小安达曼和尼科巴等岛屿群的小岛都下沉了1～3米，几乎所有适合海龟等动物产卵的海滩也都消失不见了。

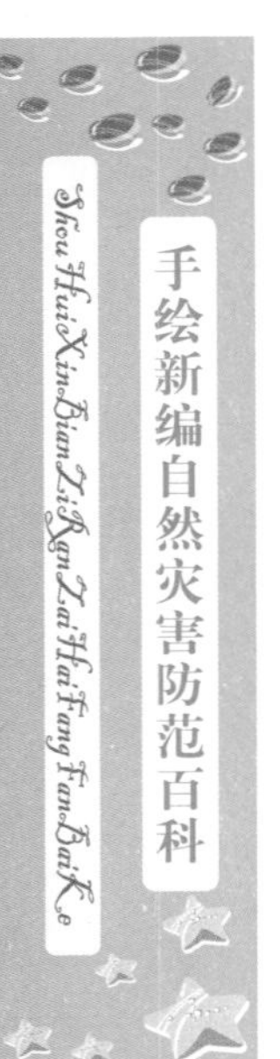

而主要生活在安达曼群岛的儒艮（俗称美人鱼）和咸水鳄鱼，也受到了不同程度的影响。这种动物最为奇特的特征是长着像鲸一样的裂尾，人们通常将儒艮称为“美人鱼”。儒艮不像海豚那样擅长游泳，所以在海啸发生时，很容易出现溺毙现象。海啸的影响甚至还延伸到了咸水鳄鱼栖息的小溪地区，对这些地区造成了严重的破坏。

儒艮

6. 生态救灾是怎么回事

灾害发生后，虽然各地都积极踊跃地捐款捐物，但这只能暂时地缓解海啸灾民生活窘迫的危机。现在国际社会及当

生态救灾

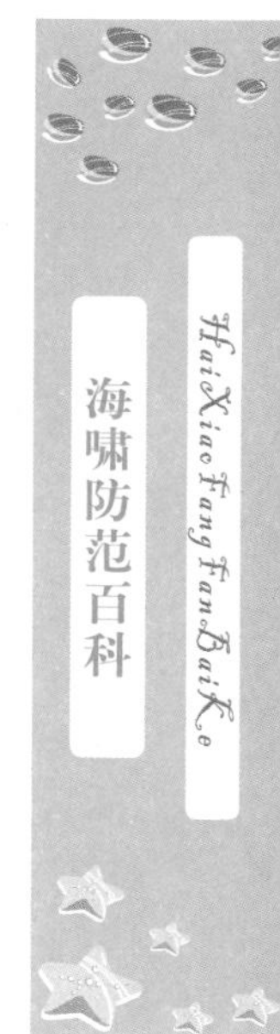

地政府必须从物资救灾转移到“生态救灾”，不仅要积极地救助灾害还要更加有效地防范灾害的发生，以保护印度洋沿岸的生命、财产安全和生态平衡的和谐发展。

根据新闻报道的描述，我们可以知道印度洋海啸受灾小镇的被毁程度。但是，灾难造成的长远灾害却是我们眼睛看不到的，也是无法估量的。然而，对海洋生物造成的影响又如何呢？海啸来袭时，陆地和海洋以一种非常恐怖的形式结合为一体，房屋建筑和被连根拔起的树被席卷到海里，而深海鱼类和鲨鱼等海洋生物则被活生生地丢在空地和停车场。

海啸对海洋生物造成的影响是无法估量的。最近，越来越多的科学家和自然保护主义者强调：这些沿海小镇的将来，与脆弱的海洋生态系统是紧密地联系在一起的，要妥善地监管和保护这些珊瑚礁和红树林。

海啸灾害发生后，在各国纷纷伸出援助之手进行物资救灾的同时，“生态救灾”——这种对于当地人未来生存有长远影响的行动也是刻不容缓的。现在许多外国政府和国际组织在对印尼提供物质援助的同时，也在积极帮助印尼海啸受灾地区恢复生态环境。

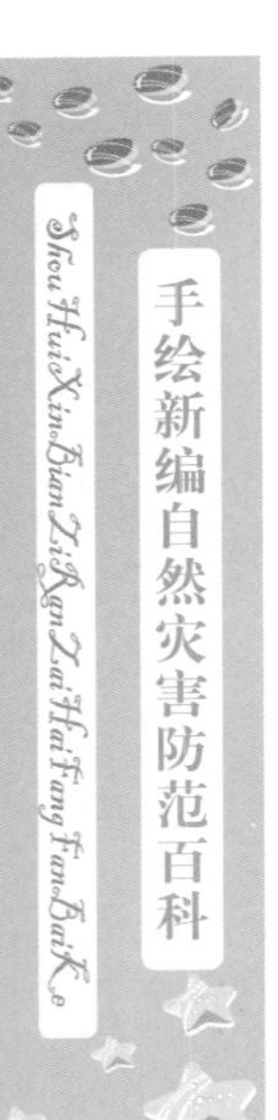

7. 珊瑚礁和红树林的生态功效

海啸灾害发生后，首要任务是对受灾人群进行援助，联合国环境项目在救助的同时评估了海啸对环境造成的影响。

红树林

该项目的世界环保监测中心珊瑚礁部门主管斯特凡·海因指出，早期的报告显示，以前发生海啸灾害的地方，许多珊瑚礁都遭到了大面积破坏。

海啸退却时会把陆地上的泥土带走，还会把一些其他的残骸带回海里，这种现象被称为“浊流”。这也是科学家们最担心的。这些污浊物流入到海里以后，会覆盖在沿海的珊瑚礁上。珊瑚礁是一种高度多样化和复杂的生态系统，其中最重要的环节是珊瑚虫和共生藻类，它们的生存都离不开阳光。这种陆地“浊流”附着在珊瑚礁的表面，遮住阳光，造成珊瑚礁的毁灭。

早期的救灾研究报告指出，海啸发生时，许多深海鱼类被冲到浅海，甚至冲到岸上，大量的珊瑚礁生物也被海啸移动到了别处，需要很久才能得到恢复。

专家指出，珊瑚礁是鱼类繁殖的主要生态系统，也是世界上最多产的生态系统之一。在许多受灾的小镇和村庄，人们主要以捕鱼为生，所以成千上万的海岸沿线渔民的生存要依靠这些珊瑚礁。因此，在防范海啸和灾害重建中，要充分考虑珊瑚礁的社会经济重要性。对珊瑚礁的保护要得到充分的重视。

此外，珊瑚礁对于一般规模的海啸还具有一种天然的防护作用，至少能够减缓海浪的冲击力。和珊瑚礁同样有防护作用的生态系统还有红树林。从历次海啸受灾的区域看，红树林较多或保存较好的地方，灾情都相对较轻。珊瑚礁是一

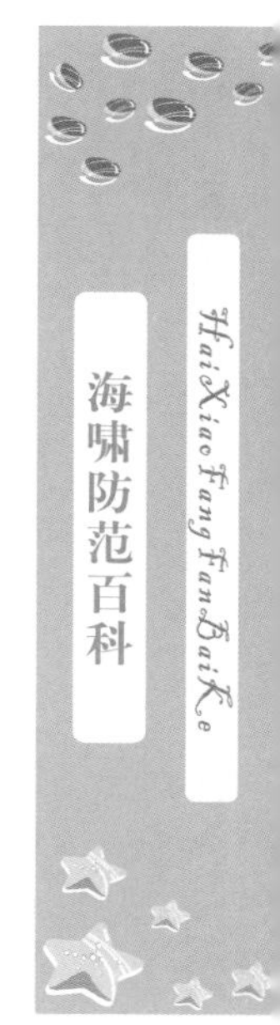

种天然的防波堤，而红树林则是天然的减震器，不仅在海啸中如此，对于洪水和龙卷风也一样。

红树林并非单指某一种植物，而是一种能够经受盐分的木本植物群落。目前，全世界约有60种属于红树林的植物。红树林多生长在热带地区，位于高潮线和低潮线之间。

红树林对近海渔业意义重大，是海洋生物的重要养料供应者。红树林区是多种鱼、虾和蟹等经济海产隐蔽、生长和繁殖的良好场所。

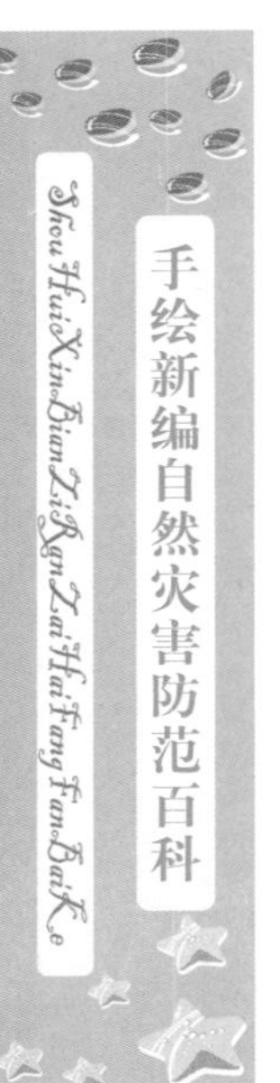

美国国家海洋和大气管理局曾经做过专门研究，近海的红树林、河流入海口和海龟产卵地如果被海啸淹没，将会对海洋食物链的波动产生不利影响，几十年才能恢复。各国的环境科学家讨论在印度洋周边国家建立海啸预警系统问题时

鱼类繁殖的场所

指出，把海啸灾难损失降到最低的最简单的办法，就是在海边营建一个自然生态网，培养红树林。

在印度的泰米尔纳德邦，长达620英里（1英里=1.6093千米）的海岸线，却只有62英里红树林生态区的面积，远远低于专家建议的红树林达到70%的密度。只有达到70%的密度才能在灾难中挽救数千人的生命，而且也能为当地人的生活提供足够的食物和木材资源。

二、海啸的预防

（一）海啸的防御方法

1. 减轻海啸灾害的必要性

海啸会给人类带来巨大的灾难，但是目前，人类对海啸、地震、火山等突如其来的灾变，只能通过预测、观察来

突如其来的海啸

预防或减少它们所造成的损失，不能控制它们的发生。掌握海啸的科学知识对于减轻海啸灾害是非常重要的，所以我们应该采取积极而有效的措施来减轻海啸灾害。而减轻海啸灾害，我们还需要关注很多问题，如哪些地方是海啸灾害多发区？灾害能有多严重？海啸灾害的发生频度如何？只有了解了这些，才能有针对性地进行灾害的预防，以减轻灾害造成的各种损失。通常这被叫做灾害的区域划分，也被称为灾害预测。

海岸地区发生的海啸灾害，其大小主要是受海底地貌和陆地地形的影响，如果海水水深由海洋向陆地减小得很快，而且沿岸陆地平坦且海拔低，那么即使不大的海啸波，也会形成很大的海啸灾害。所以，在沿海进行各种设施建设时，要尽量避开或避免这些地方。如果是非常有必要的，不得不进行的建设施工，那就必须完善相应的预防措施做好预防准备工作。

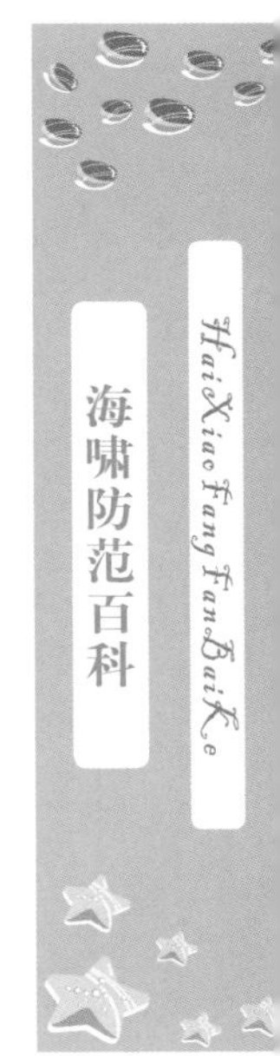

2004年印度尼西亚地震海啸在泰国沿海造成巨大灾害，海啸来临前，海水先是大规模减退，岸边海底露出许多少见的小鱼和贝壳，海边的游客以为遇到了难得的机会，纷纷下海捡拾小鱼和贝壳，大约20分钟后，十几米的巨浪以排山倒海之势迅速席卷海岸，沿岸一切生命、财产都被海水无情地吞噬。没有人知道，异常的退潮和罕见的小鱼贝壳就是海啸出现的前兆。如果多了解一些海啸知识，就可以避免或减少海啸造成的损害。

异常的退潮现象

所以，我们应该经常性地开展一些海啸知识的宣传和教育工作，使防灾抗灾意识深入人心，有效的减灾行动就是要做到有效地预防。社会公众要有防灾意识和常识，社会团体和各级政府应该有应急预案，国际社会要加强合作，只有这样，才能最大限度地减轻灾害。

2. 高度重视地震后引发海啸的可能性

海啸是由风暴或海底地震造成的海面恶浪并伴随巨响的现象。海水往往冲上陆地，给沿岸地区造成严重灾害，海啸给人类带来的灾难是十分巨大的。

1960年5月23日，智利沿海地区连续不断地在多个地方发生多次地震，形成一系列的破坏性极大的罕见地震群。这次地震引发的海啸产生的能量覆盖到整个太平洋，海啸波以每小时700多千米的速度在太平洋传播，海啸经过的所有国家和地区都遭受到不同程度的损失。在美国夏威夷希洛湾内，海啸波轻而易举地就将堤坝上10多吨重的玄武岩块扔到百米以外的其他地方，一座钢质铁路桥被推离桥墩200多米，毁坏500多处建筑物，造成61人死亡，伤282人，直接经济损失上亿美元。在地震发生之后22小时，海啸波才传到日本并造成巨大灾害。这次引起海啸的智利大地震成因是20世纪罕见的地壳变动，在这次地壳变动中，海底一块约50万平方千米的地块一下子被提升了将近10米，汹涌的海浪持续了一个星期之后才逐渐平息。

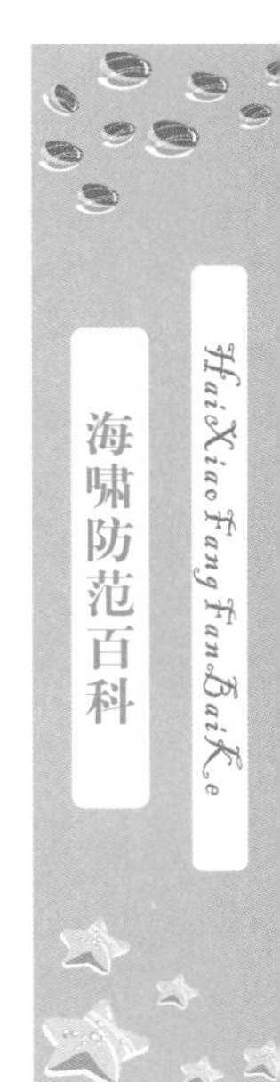

蚂蚁搬家

日本是一个地震多发国家，也是世界上最常遭受海啸袭击的国家之一。根据历史记载，日本太平洋沿岸曾经遭受过30多次海啸的猛烈袭击，其中最大的一次发生在1896年6月15日，位于日本本岛北部濒临太平洋东部的三陆市，在地震发生后不久，三陆沿海就出现海水迅速退落的异常现象，新出现的海滩上显露出许多常年被海水淹没的岩礁滩地，但是退却的海水顷刻重返，就像一堵高耸的水墙来势凶猛。这次海啸引起的最大波高达25米，房屋倒塌1.4万多间，流失船只3万余条，死亡人数超过2.7万。这次海啸的发生起源于距岸200多千米处的海底地震，海啸还波及太平洋中部的夏威夷群岛，形成10多米高的巨大海浪，远在太平洋西岸的美国旧金山也记录到20厘米的波高。

全球的海啸发生区大致与地震带一致。有记载的破坏性海啸大约有260次，平均六七年发生一次。发生在环太平洋地区的地震海啸就占了4/5。而日本列岛及附近海域的地震又占太平洋地震海啸的一多半，日本是全球发生地震海啸最多并且受害最深的国家。

1498年9月20日，日本北海道曾经出现的地震海啸，最大波高20米，海啸侵入内陆2千米，造成2万人死亡；

1792年5月21日，日本有明海附近出现由山崩而引发的海啸，最大波高在50米以上，造成1.5万人死亡；

1883年8月27日，印度尼西亚巽（xùn）他海峡因火山喷发引起海啸，最大波高35米，超过3.6万人死亡；

1933年3月3日，日本三陆外海地震海啸，最大波高24米，死亡人数达到3000人，海啸横越太平洋，远到南美的智利都受到影响；

1964年3月28日，阿拉斯加湾因大面积海底运动引起海啸，最大波高达30米，海啸波及加拿大和美国沿岸，造成150人丧生；

1992年9月1日，在太平洋发生的一次地震，陆地上几乎没有震感，只有地震仪能够观测到并记录了下来。可是十几小时以后，在远隔万里以外南美洲的尼加拉瓜沿海一个小镇，海滩上的海水突然回落，露出罕见的海滩，接着波高2米的海浪突然涌来，给毫无准备的海滨度假人群造成很大伤害。同时，附近沿岸地区，十几米高的浪头突袭而至，海浪的巨大能量造成170人丧生，1.3万人无家可归。

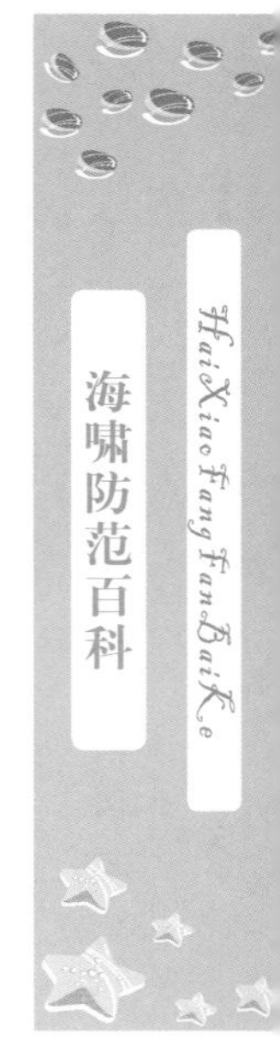

2001年6月，秘鲁南部发生了里氏8.4级的地震，并引发了海啸，至少造成78人死亡，经济损失约有3亿美元。

2004年12月26日，印度尼西亚海域发生了里氏9级的地震，并引发了海啸，给印度洋沿岸各国人民的生命和财产造成了重大损失，夺走了印度洋沿岸11个国家20多万人的生命。

2009年9月30日，南太平洋萨摩亚群岛附近海域发生了里氏8.3级的地震。地震引发的海啸，淹没了沿岸的数十个村庄，至少造成34人丧生，数十人失踪，数千人无家可归。

2010年2月27日14时，智利中部近岸发生了里氏8.8级的强烈地震，并引发了海啸，导致802人丧失生命，遇难者中的大多数都是因海啸而丧生。

以上种种事例表明，太平洋沿岸是海啸灾害的多发区，在该区域1300多年来的海啸记载中，已经有14万～20万人在海啸灾害中丧生。为防范灾害性海啸的突然袭击，减少灾害造成的各种损失，目前人们在太平洋地区已经建立了50多个用于监测海啸的地震台站，这些监测设施分属于12个国家和地区。这些监测站网采用的都是比较精良的仪器设备，有的地震仪被安置在太平洋海底，这样可以监测到远距离的海底地震，并利用地震波沿地壳传播的速度远比地震海啸运行速度快的原理，为地震海啸提前作出预报。例如，发生在智利的海啸，需要经过13个小时才能传到夏威夷，约20个小时后才到达日本沿岸，如果利用海啸监测网获取的地震波记录，可以在一小时内作出海啸警报，这样的话，可以给日本防灾体系赢得更多的防范时间来采取应对措施或尽早安排沿岸的居民或游客逃生。

中国地处太平洋西岸，濒临环太平洋地震带，东面又邻发生地震海啸比较多的国家——日本。那么，这些因素会不会给中国造成不利影响，使中国海区也成为海啸的多发区呢？

根据历史资料的记载，从公元初到现在，2000多年的时间里，中国海区仅仅发生过10次地震海啸，平均约200年才有一次。这说明中国沿海发生地震海啸不是很频繁。这主要是由于中国海区的地理形势造成的。中国海区大都处于大陆架上，地势坡度很小，水深较浅，一般都在200米以内；在地质构造上，也很少出现大断裂层和断裂带，如果在中国海区发生较强的地震，一般也不会引起海底地壳大面积的升降运动。换句话说，就是中国海区缺乏引发海啸的动力。

世界上许多地区海啸灾害极为严重，幸运的是，我国的海啸灾害发生并不频繁，相对来说，危害也没有那么严重。根据历史记载，自公元前47年到现在为止，我国共发生地震引发的海啸27次，其中20世纪发生了8次，但都属于等级较低、破坏性较小的海啸灾害。

从1969年到1978年10年间，山东渤海、广东阳江、辽宁海城、河北唐山曾发生四次震级均在6级以上的大地震，但是都没有引发海啸。此外，中国的海域辽阔，分布了数以千计的大小岛屿礁滩；从渤海的庙岛群岛到黄海的勾南沙，东海的舟山群岛、台湾岛、南海诸岛等，这些众多的岛屿呈弧形环分布在大陆海岸周围，就像一道天然的海上屏障保卫着中国大陆土地的安全。同时，在中国近海外侧，有日本的九州、琉球群岛以及菲律宾诸岛拱卫，也是另外一道有效的海上“防波堤”，抵御着外海海啸波的冲击。加之宽阔大陆架浅海海底摩擦阻力的作用，受上述两道防线和广阔浅水的影响，当海啸波从深海传播到中国海区时，其能量已经大为衰减，一般不会再构成严重的威胁。有资料统计发现，中国近海海底地震伴生的海啸概率只有6%，远远低于全球海啸发生的平均水平。能引发海啸的浅源地震，也大多集中在中国台湾岛附近。虽然在中国大陆海区发生海啸的概率较低，但是对中国大陆海区还是有一定影响的。我们依据海啸发生的概率，可以把中国近海分为高、中、低三类地区，分别是台湾岛东岸、大陆架区和渤海区。

1960年，智利发生的那次大海啸，影响到太平洋周边的许多地区，日本也未能逃脱这场灾难。可是，与日本比邻而居的中国在这次海啸所受到的影响却是微乎其微，当智利的海啸波传到上海时，吴淞口验潮站记录到的波高只有15～20厘米；传到广州附近时，闸坡海洋站记录到的海啸，只有一些微弱迹象了。

综上可以看出，中国大陆沿海地区不仅较少发生地震海啸，即使太平洋上发生了大海啸，也不会对中国大陆沿海构成严重威胁。当然，加强地震海啸的研究，建设必要的监测网，做好防范工作，仍然是至关重要的，因为一旦海啸发生，造成的损失是非常惨重的，所以一定要防患于未然。

中国是一个地震多发国家，地震活动频繁，分布范围广、强度大，几乎所有的沿海省市都发生过或大或小的地震灾害。目前，中国正处在第五个地震活动期的高潮阶段，局部地区很容易发生严重的地震灾害，这些情况都应该引起人们对地震引发海啸的警惕。从中国沿海地震活动情况来看，地震强度和频度相对较高的地区为渤海和黄海地区；东海到南海的黄岩岛附近，因为和琉球群岛、菲律宾群岛地震带相连接，所以，这是地震活动的强度和频度相对最高的地区；华南近海的地震强度较大，但频率相对较小。了解了上述这些情况，有利于掌握中国海区海啸发生的可能性和趋势。

中国近海海域虽然不易发生地震海啸，但经常会在震后出现1～2米高的海浪涌上沿岸。1867年12月18日，台湾基隆北部海域发生6级地震，海水倒灌进入基隆市区，造成部分街道和房屋被淹；1966年3月，台湾花莲东北海域发生7.5级地震，引发了中等强度的海啸，造成7人死亡。地震海啸一旦发生，就会造成不容忽视的海洋灾害，所以在以上的灾害危险区域，要高度重视地震后引发海啸的可能性。

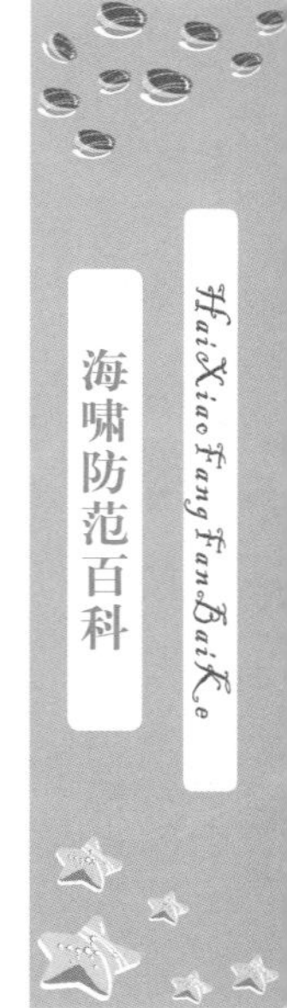

3. 海啸来临前的预兆

海啸前兆的具体分类如下：

（1）地面强烈震动。

地面强烈震动是地震海啸发生的最早信号，地震波与海啸因为传播速度不同，中间会有一个时间差，这非常有利于人们采取措施提前预防。地震是海啸的“先锋队”，感觉到较强震动的时候，不要轻易靠近海边或是江河入海口。在沿海地区，如果得知附近即将发生地震，一定要提前做好预防海啸的准备。海啸有时也会在地震发生几小时后到达离震源几千千米远的地方。

（2）浅海区域突然出现一道“水墙”。

在海边的时候，如果看到在离海岸不远的海面，海水

地面强烈震动

突然变成了白色，同时在它的前方出现一道“水墙”。这种情况的出现很有可能是因为地球的断层出现破裂，并垂直移位数米，将巨浪海水排出海床，把海浪推出数千千米，形成“水墙”。海啸形成之后，海啸波已由远海传至近海，前浪的波速会逐渐减慢，但后浪的波速仍然很快，当两股浪潮融

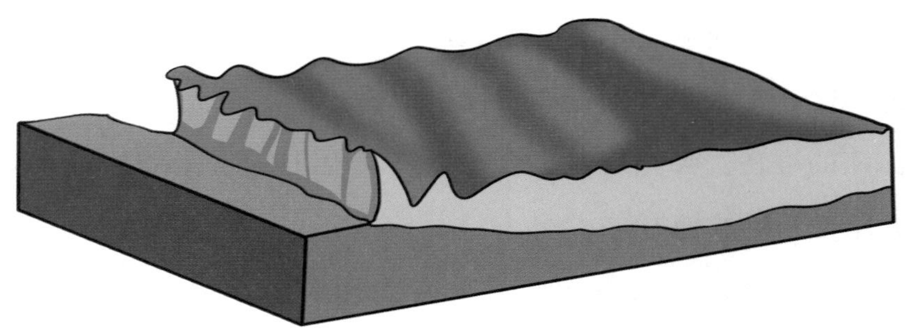

海啸形成的“水墙”

合在一起时，海水陡然增高，就会出现几米甚至几十米高的巨浪。海啸的排浪不同于通常的涨潮，海啸的排浪非常整齐，浪头很高，像一堵墙一样，这就是人们常说的一道“水墙”。这样的排浪是海啸的专有特征，看到这样的预兆需要尽快设法逃生。

（3）海水突然出现暴涨和暴退现象。

海面出现异常的海浪。当海底发生地震，因震波的动力而引起海水剧烈的起伏，会形成强大的波浪。而海底的突然下沉，海面上的水流也会相应地流向下沉的方向，出现快速的退潮。这种现象在距震中数百千米以内的沿海经常能够看到，一般发生在大地震后的10～20分钟。当海水出现这种异常现象时，一般距海啸的时间最短只有几分钟，最长可达几

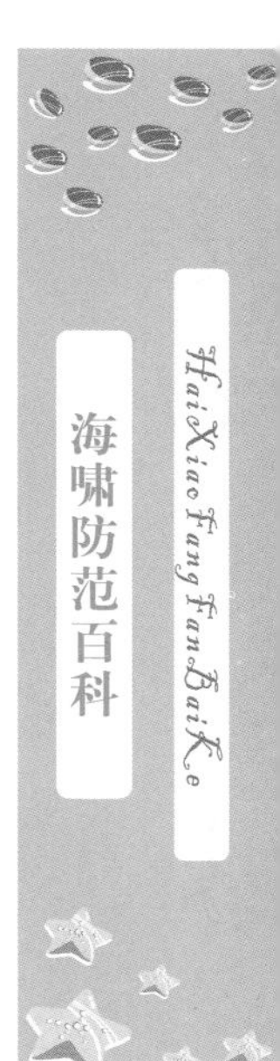

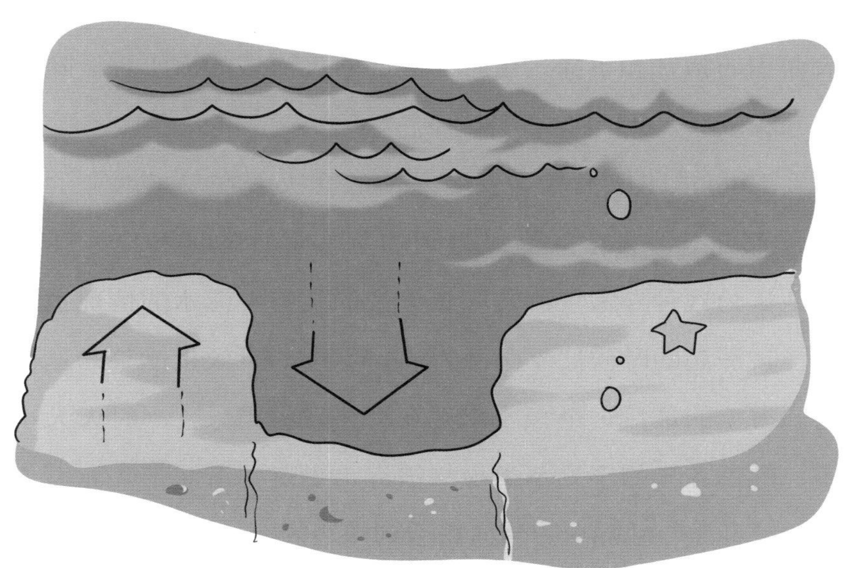

海水突然出现暴涨或包退现象

十分钟。由于海啸的能量释放是通过作用于水来传播的，一个波与另一个波之间有一段距离，这个距离，就是海啸来临前的最佳逃生时间。

海啸来袭之前，海水一般总是突然退到离沙滩很远的地方，一段时间之后海水又重新上涨，为什么会出现这种情况呢？这主要是因为地震发生时会造成海底地壳大幅度沉降或隆起，使海水大量聚集转移而形成的。

通常情况下，出现海平面下降的现象是因为海啸冲击波的波谷先抵达海岸。波谷是波浪剖面低于静水面的部分，如果它先登陆，海面势必下降。同时，海啸冲击波不同于一般的海浪，其波长很长，所以在波谷登陆后的一段相当长的时间，波峰才能抵达。但是，这种情况如果发生在震中附近，那它的形成就另有原因了。地震发生时，海底地面出现一个大面积的抬升和下降，这时，震区附近海域的海水也会随之抬升和下降，从而形成海啸。

2004年印尼大海啸发生之前的几天，在马来西亚的吉打，来自沿海村落的渔民打到的鱼是平日的10多倍，他们只是认为这种异常现象是来自上帝的礼物。海水的情况也很奇怪，涨潮的时候比平时涨得高，退潮的时候也比平时退得远。海啸的最后一个预兆出现在海啸发生当天，当时大大小小、颜色各异的罕见鱼类纷纷被海水抛落到海滩上，海面也开始“奇怪”地翻滚。当渔民看到岸边的海浪突然后退了100米，几分钟之后几层楼高的滔天巨浪向岸边汹涌扑过来的时候，人们才意识到灾难降临了。

（4）大量的深海鱼游至岸边。

浅海出现大量深海鱼类。深海和浅海不同，两者之间有着巨大的环境差别，深海鱼类更适合在深海生存，绝不会自己游到浅海，出现此种反常现象，就是一个预兆，它们很可能是被海啸等异常海洋活动的巨大暗流卷到浅海的。例如，印尼地震发生前几天，出海打渔的渔民每天打鱼的数量剧增，而且有许多平时罕见的鱼类。当地的沙滩上也出现了很多本应该生活在2000米以下深海中的鱼类。所以说，深海鱼出现在近海的异常现象，就是海啸来临前的预警，必须高度重视，及时做好充分的防御措施以减少人员伤亡。

（5）海面上冒出很多气泡，并发出“滋滋”的响声。

当你在海边游玩或嬉戏时，如果突然发现海水像“开锅”一样，海面上冒出许多大大小小的气泡，这种现象是海啸将要出现的征兆。

（6）动物出现异常行为。

动物比人类敏感，在各种灾害到来之前能够比人类更早地察觉到这种危险的存在，所以种种动物的异常行为也可以给我们提供一些有效的信息，作为灾害来临前的先兆。比如，当众多的海鸟突然从你的头上惊恐飞过，你应该有所警觉，这很有可能是它们受到远海狂浪的惊吓所致，或许它们已提前感受到此海区的异常。曾有一次海啸来临前，大象惊恐，发出不同寻常的刺耳吼声，引起人们的注意，及时采取

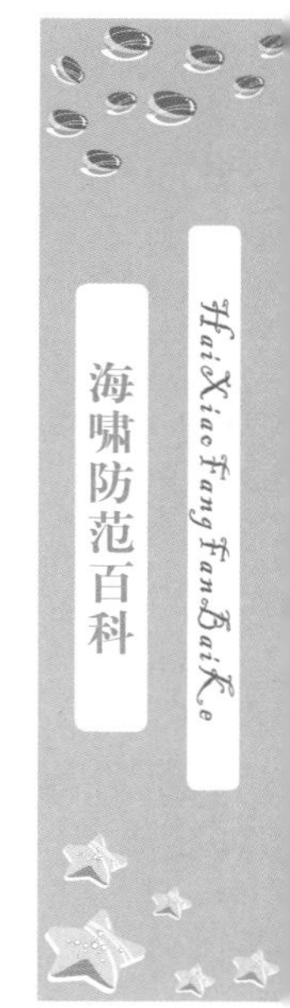

海面上冒出很多气泡并发出“滋滋”的响声

了预防措施进行逃生，从而拯救了数十位国外旅游者的生命。还有人看到几百只黑羚羊，群体狂奔上山，在山上躲过了一场海啸。

（7）通过氢气球可以听到次声波的“隆隆”声。

发生海啸时，通过氢气球可以听到次声波（即频率小于20赫兹的声波。次声波不容易衰减，不易被水和空气吸收）的“隆隆”声。

4. 收到海啸警报后应该怎么办

若听到地震在附近发生的报告，就要为预防海啸做好充分的准备，因为有时地震发生几小时后，离震源上千千米远的地方就已会遭到海啸的侵袭。

在接到海啸警报后，为避免发生漏电、火灾等事故，应该立即把电源切断，把燃气关闭。

如果当时你正在学校上课，收到海啸警报时，要主动听从老师和学校管理人员的指示，采取相应的行动。

如果你当时正在家里，收到海啸警报时，应迅速把所有的家庭成员召集起来，撤离到安全的区域，千万不要因为顾及家中的财产损失而丧失了逃生的时间，同时，对当地救灾部门的指示要予以积极的响应。

如果你当时正在海岸边，当你感觉到了强烈的地震或者长时间的震动时，应该立即远离江河、海边的入海口，迅速往附近的高地或是其他安全的地方躲避；倘使你没有感觉到震动，但却收到了海啸的预报，为防万一，也要立即往附近

海啸前采取相应行动

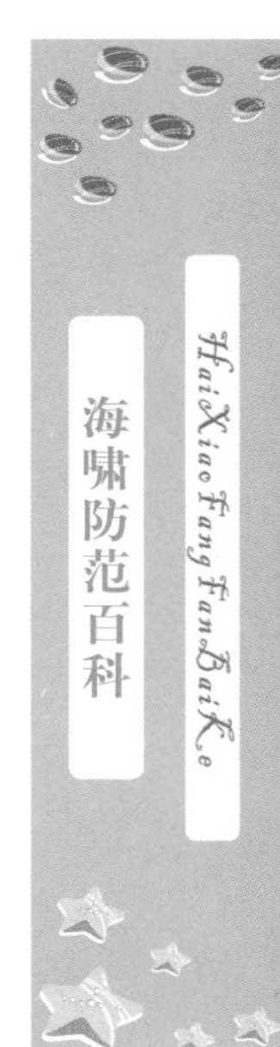

的高地或是其他安全的地方躲避。同时，通过电视或收音机等通信手段掌握最新的信息，在海啸警报解除以前，千万不要靠近海岸。

5. 海啸可以预防

（1）借助动物来预防海啸。

海啸的发生往往给人类造成巨大的损失，但是各种资料和种种迹象表明，动物对灾难的来临比人类敏感。2004年的印度洋海啸中尸横遍野，却没有一具是动物的尸体。斯里兰卡野生动物保护局副局长拉特纳亚克说："没有一头大象丧生，甚至没有一只野兔死亡，我想动物可以感觉到灾难即将来临，它们有第六感觉，能预知海啸发生的时间。"专家根据事实依据发现，动物对自然灾害是天生敏感的，尤其是野生动物。印度尼西亚苏门答腊岛野生老虎保护处的工作人员戴比·梅尔特认为："动物的听觉极其灵敏，它们极有可能提前察觉海啸将至。另外，海啸引起的振动会导致气压变化，而气压变化又能起到预警作用，并提醒动物向安全地带迁移"。也有一些专家指出，动物拥有"第六感"，但是目前这种说法并没有充足的科学依据可以证明。南非约翰内斯堡动物园的动物行为专家马修·范·利罗普说，火山爆发或地震发生前，有狗会狂叫、鸟类会迁徙等许多说法"是没有这方面的专门研究，因为你不能在实验室或者在旷野中对此做出验证。此次印度洋海啸中发生的事例为动物有'第六

借助动物预防海啸

感’新的证据”。随着人类对动物了解的逐渐深入，未来也许可以更好地借助动物的行为变化来预防灾害。

（2）根据不同的地理位置来预防。

根据不同的地形，可以选择不同的避难设施。以日本静冈县的海啸防御体系为例，在距离海边不到10米的地方，最好是附近有一座小山或把它削成平台或者是有一个高处的平台，作为紧急避难地。在斜面上要建好避难台阶，并在台阶入口处设置引导避难的标志，平台最适宜高度为12米、面积在600平方米左右，都用水泥固定。尤其是海啸多发地，海岸被开辟用来作为旅游场所的地区，这种设施更加有必要。一旦出现海啸先兆，来不及逃离的人们马上就可以登上这里，

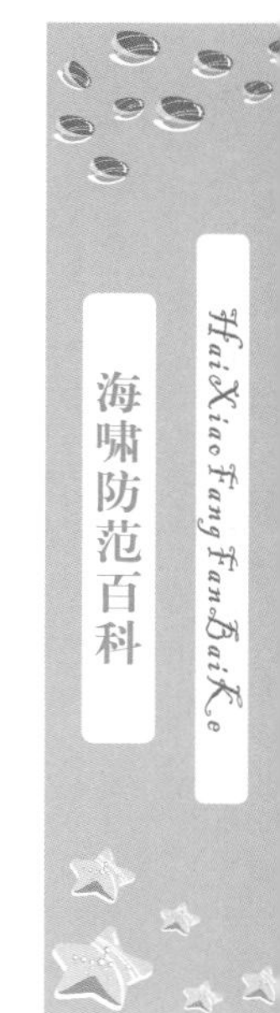

根据实际情况再想办法求救或者转移。还可以在离海边3千米以内的地方建造临时避难地，作为社区防灾中心。中心需要用钢筋水泥建造，设有防灾仓库、厨房和残疾人、老人护理室等设施。防灾仓库物资储备应该齐全，如帐篷、发电设备、抽水机、太空食品和简易厕所等，可供来不及撤离或者

帐篷

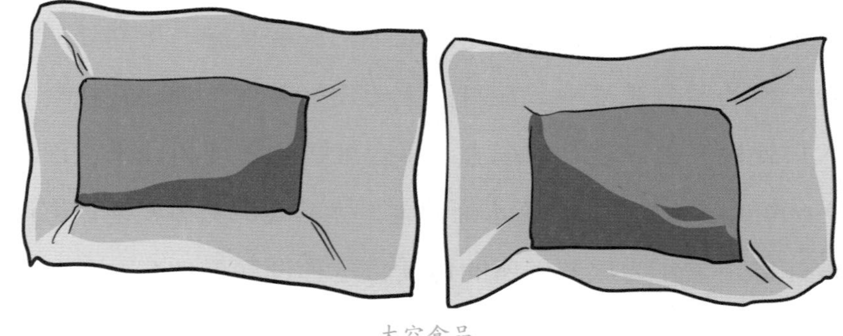

太空食品

家园已经被毁的居民在此暂时居住。

在海啸发生时，首要的原则是人们应该尽量往高处跑，一般来说在高处受到的海啸的影响较小。

（3）利用电脑管理软件预防。

一种名为“防灾GIS”的地图信息管理软件可以对小范围内的一些危险地段实行24小时监控。一旦险情出现，灾情会形象地表现出来。总指挥处立即启动救灾机制，进行预警并展开救援工作。比起建造防灾设施，政府的紧急应对体制和居民的防灾意识更重要。

政府可以不定期地通过印制地震防灾手册、组织参观防灾博物馆、定期避难演习等措施提醒居民提高防范意识、学习防灾知识，灾害来临前能做到未雨绸缪。

利用电脑管理软件预防海啸

根据历史记录和科学分析可以看出，远洋海啸对我国大陆沿海影响较小。但我国台湾沿海，尤其是台湾东部沿海，地震海啸的威胁不容忽视，尤其是由近海地震引起的局部海啸，应给予高度关注。

（4）红树林对台风和海啸的防御作用。

红树林大多属于红树科，是一种罕有的木本胎生植物。所谓的红树林由红树科的植物组成，组成的物种包括草本、藤本红树。这种树种的外皮以内的韧皮部多含丹宁（鞣酸类物质）使得树干呈现红色景象，红树林因此而得名。红树林大多生长于陆地与海洋交界带的滩涂浅滩，是陆地向海洋过渡的特殊生态系统。

红树林是一种物种非常多样化的生态系统，生物资源

红树林对台风和海啸的预防作用

量非常丰富。这种生物资源又是可以持续利用的，原因主要是红树的凋落物也就是它的残枝败叶是海洋生物的很好的食物。生活在红树林中的鸟类可以啄食鱼虾，微生物能够分解鱼虾的尸体和植物的枯枝败叶，并把它们还原于海底土壤中。通过这样的食物链转换，红树林就像一个天然的养殖场，为海洋生物提供良好的生长发育环境。再加上红树林大多生长于亚热带和温带，所以红树林区还是候鸟的越冬场和迁徙中转站，更是各种海鸟的觅食栖息，生产繁殖的场所。

红树林还有一个很重要的生态效益，那就是它的防风消浪、促淤保滩、固岸护堤、净化海水和空气的功能。红树林的根系发达，在海中盘根错节，能有效地滞留陆地来沙，减少近岸海域的含沙量；茂密高大的枝体宛如一道道绿色长城，有效抵御风浪袭击。

1958年8月，一场历史上罕见的12级强台风袭击了福建厦门，随之出现了强大而凶猛的风暴潮，这场灾难几乎吞没了整个沿海地区，人民的生命、财产损失惨重。但近在咫尺的龙海县角尾乡海滩上，因受到高大茂密的红树林的保护，该地区的沿岸受到的波及影响很小，农田村舍损失甚微。

1986年，广西沿海发生了百年不遇的特大风暴潮，合浦县398千米长海堤几乎全被冲垮，但凡是堤外分布有红树林的地方，海堤就得以幸存，经济损失也很小。红树林附近的民众都把红树林看作是他们的“保护神”。解放前，广西山口

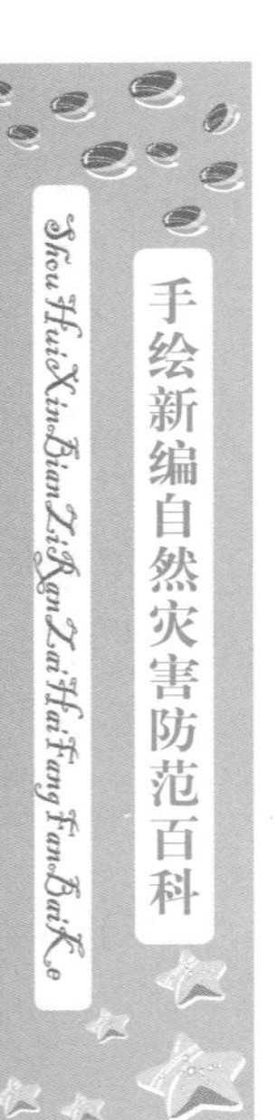

红树林附近的村民，曾以捐钱捐米的方式，并雇请专人看护这片红树林。

1982年，曾有华侨特地从南洋带回“秋茄树”等各种红树林种苗在中国沿海进行育种栽植。

1996年9月，雷州半岛遭受历史罕见的12级强台风袭击，团结堤和安圹堤几乎毁于一旦，被冲破100多米，损失严重，而有红树林带保护的地方，沿岸群众的生产生活几乎没有受到任何影响。

1999年，罕见的强台风再次袭击东南沿海，厦门集美凤林湾一带数千米沙石海堤全部被冲毁，甚至海岸线上的防护林木也被大面积地吹倒或折断，滩涂养殖也都付之东流，毗邻红树林海域及周边的生态却安然无恙。

专人看护红树林

2003年，第七号台风“伊布都”携带3～4米的海浪在沿岸登陆，在5000多亩红树林的保护下，广东省恩平市横陂镇的10千米海堤安然无恙，而没有红树林的另外5千米厚级海堤，被狂风巨浪完全冲毁，造成直接经济损失达到数千万元人民币。

2003年7月，强台风“榴莲”在广西北海登陆，使我们再一次见识了红树林“海岸卫士”的威力：全市沿海受到红树林屏护的海堤安然无恙，海堤护卫的2000多亩农作物没有受到影响。而没有红树林阻挡海浪的海堤毁坏109处，多处出现巨大缺口。与此同时，有58艘渔船因为驶进红树林潮沟躲过了劫难，而6艘来不及驶入红树林的渔船，瞬息间即被台风打入海底。

2004年岁末，在印度洋地区海啸灾难中，数十万人口受到严重灾情的影响，而所有有红树林的地方全都无一例外得到很好的保护。

为什么种植红树林与否会有这么大的差别呢？

这主要是因为红树林生长在这样复杂、特殊的环境中，它们的形态结构都根据环境而发生了变化，强大、密集的根系更加坚固稳定，不仅支持着植物本身，也保护了海岸免受风浪的侵蚀，形成一道道遮挡台风的天然屏障，抵御台风、海啸，护卫海岸沙滩，使沿海的村镇和农田免受风浪潮汐的袭击。因此红树林又被称为“海岸卫士”。

红树林还有一个奇妙的“胎生现象”，幼苗生长在母

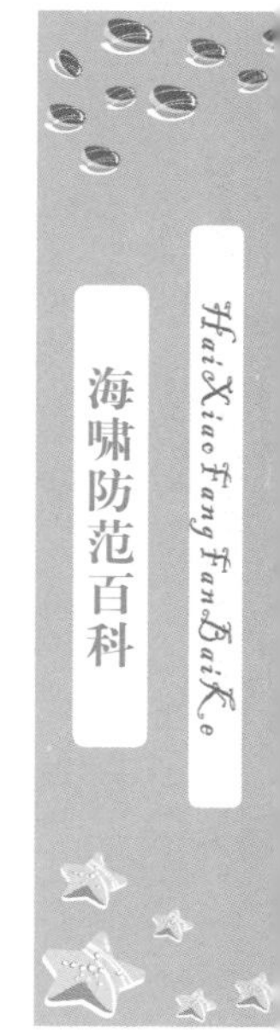

体中，脱离母体后，就能在高盐含量的海水中生活。这是红树林生活在海滩、海湾和抵御台风、海啸的必要条件。红树林的叶子常具有和其他盐生植物一样的生理干旱的形态结构，叶子革质表面光滑，有利于反射海岸强烈阳光的照射，并还具有能排出体内过多盐分的分泌腺体。这些特征是很重要的，是保证红树林在恶劣环境中得以生存的重要特征。

红树林的功效如此实用和重要。因此，我国对红树林采取了一系列的保护措施，并制定了相应的法律法规来加以保护。然而，得到国家和地方法律、法规保护的10多种红树林并没有能够幸免于刀俎之灾。近几十年来，特别是最近10多年，围海造地、围海养殖、乱砍滥伐等种种人为影响，使红树林面积减少，由40年前的4.2万公顷骤减到只剩下了1万多公顷，不及世界红树林总面积的千分之一。几个国家级红树林自然保护区也都遭到不同程度的砍伐破坏，其中尤以广西自治区砍伐红树林为甚。全区原有红树林22387公顷，到1993年仅剩5654公顷。甚至，广西近几年已砍伐和已列入填海造地规划的（已批准）即将砍伐的红树林还有将近1000公顷之多。

已经列入《中国湿地名录》、国家保护的重要湿地之一的福建龙海红树林保护区，1998年龙海市政府未经保护区主管部门批准，耗资2500万元强行建设一项围垦工程用于养殖，面积达460公顷，将危及超过33公顷的红树林的生存。

2002年，广东湛江红树林国家级自然保护区被列为国际重要湿地。然而厦门西海域，20世纪80年代在东渡等海域仍有成片红树林，随着这几年的围海造田的不断扩大已经逐渐消失了。

红树林对于沿岸生态环境和沿岸居民来说，实在是太重要了，它能够直接地挽救数以千万的经济损失，为什么一定要在灾难过后再去怀念它的好处呢？让我们都行动起来，为保护红树林而努力，应做到以下几点：

各级政府是沿海防护林体系建设的责任主体，应该严格按照防护林的保护措施保护红树林的发展规划，减少灾难的形成胜过灾后的积极救灾。

各地要积极争取本级政府和有关部门的支持，严厉打击和制止乱砍滥伐红树林、乱征滥占湿地等违法活动，人为破坏红树林的现象一定要严格控制。

要加大红树林的恢复与营林力度，对红树林宜林滩涂采取人工营造措施，加快红树林资源的恢复，使其尽快发挥效益和作用。让人民充分认识红树林的功效，才更有利于红树林的保护和建设。

加强国际合作，借鉴国外先进技术和经验，提高我国红树林的保护建设水平。

最主要的还是要加大宣传力度。目前，大家对红树林还缺乏足够的认识，更谈不上足够的重视了，这严重地影响了

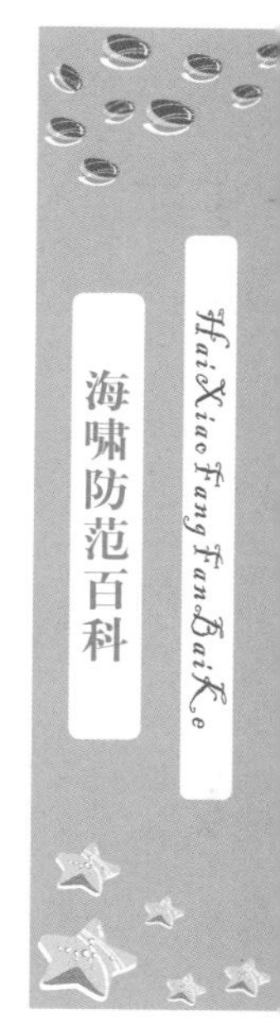

红树林的保护与发展

红树林的保护与发展。要充分运用各种宣传手段，深入、持久地宣传红树林保护与建设的重要意义，从我们自身做起，提高认识，增强民众保护和参与的自觉性，为红树林资源保护与发展创造良好的社会环境。

（二）海啸的防御措施

1. 海啸预警系统

依据现有的科学技术水平，还不能在大地震之后迅速地、正确地判断该地震是否会激发海啸，但是我们仍然可以根据目前的认识水平，通过海啸预警为预防和减轻海啸灾害采取积极的应对措施。

海啸是向外传播的，根据这一特点，如果我们知道了海中发生地震的具体地点或知道某处实际海啸的发生，就可以利用海啸传播的时间差，向其他可能会波及的地区及时发出海啸警报。

根据海啸的发生特点，1965年，26个国家和地区进行合作，在夏威夷建立了太平洋海啸警报中心（PTWC），随后更多的国家陆续加入了这一国际海啸警报中心。这样的话，一旦从地震台和国际地震中心得知海洋中发生地震的消息，PTWC就可以计算出海啸到达太平洋各地的时间，及时发出警报。中国于1983年参加了太平洋海啸警报中心，对于来自太平洋方面的海啸，我们可以做出及时的预防准备工作。

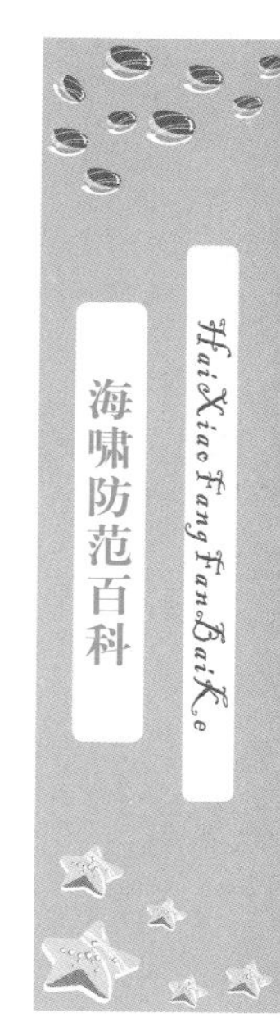

建立海啸预警系统是有科学依据的：

第一，地震波传播速度比海啸的传播速度快是海啸预警的物理基础。地震波大约每小时传播30000千米（每秒6～8千米），而海啸波每小时传播几百千米。比如，当震中距为1000千米时，地震纵波大约2.5分钟就可到达的距离，海啸则需要1小时以上。

1960年，在智利发生了特大地震，并引发一场特大海啸，智利地震的地震波传到上海用不了1小时，而海啸波传到上海则用了23小时。这样，如果根据地震台上接收的地震波推测，我们不但知道智利发生了大地震，而且知道大约多少小时之后海啸波就会到达。

第二，海啸波在海洋中传播时，其波长很长，会引起海水水位大面积升高（台风也会造成海面出现大波浪，但面积远远小于海啸），所以我们可以在大洋中建立一系列的观测海水水面的验潮站，根据观测判断会不会发生海啸、海啸的传播方向等关键问题。

需要注意的是，海啸的产生过程很复杂，因为地震波传播速度与海啸传播速度的差别造成的时间差只有几分钟至几十分钟，海啸早期预警就难于奏效。海洋地震是造成海啸的主要因素，但大部分海洋中的地震不会产生海啸，因而经常都会出现不实的虚假预警状况。如1948年，檀香山收到了海啸警报，相关部门立即采取紧急防御措施，动员全部居民迅速撤离沿岸，但最后根本没有海啸发生，而这次海啸紧急救助活动花费了3000万美元。1986年，当地又发生了一次不实警报预警，同样损失巨大。从1948～1996年，太平洋海啸预警中心在夏威夷一共发布20次海啸警报，其中只有5次是真警报，剩下的15次都是不实的虚假警报，虚报比例达到3/4。近些年来，随着科学家对海啸资料的不断深入分析和数值模拟技术的发展，虚报比例已经有所下降。当前的海啸早期预警工作主要有海啸产生的机理、相关的数学模型、安装多个深海海底地震仪（OBS）组成的监测系统和预警信息的快速发布这四个方面。

为了在大地震之后能够迅速地、正确地判断该地震是否激发海啸，减少误判与虚报、特别是“近海海啸”预警的误判与虚报，以提高海啸预警的监测水平，必须加强对海啸物理的研究。

海啸预警具有可靠的物理基础，它不仅有其理论依据，而且也是实际可行的，并且已经有了成功的范例。比如，1946年，海啸袭击了夏威夷的“曦嵝”（Hilo）市，造成了巨大的人员伤亡和大量的财产损失。于是，1948年夏威夷建立了太平洋海啸预警中心，在那以后有效避免了海啸可能造成的损失。

倘若印度洋沿岸的各国在2004年印度洋特大海啸之前，对海啸的威胁有足够的重视，同样建立一个海啸预警系统，苏门答腊安达曼特大地震引起的印度洋特大海啸，也不至于造成如此巨大的人员伤亡和财产损失。

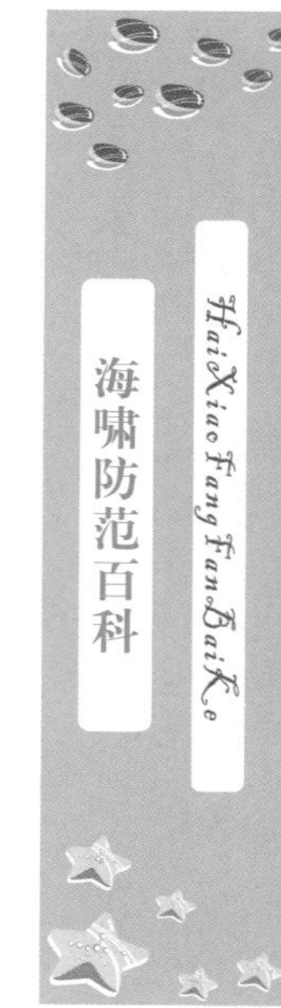

印度洋海啸后不久，联合国前秘书长安南建议建立一个全球的国际海啸预警系统。这个系统通过全部汇总所有参与国家的地震监测网络的各种地震信息，然后用计算机进行数据分析，设计成电脑模拟程序，大体判断出哪些地方会有形成海啸的可能性，其规模和破坏性又有多大。基本数据形成以后，系统会迅速向相关成员国发出及时的海啸警报。该系统分布还在海洋上建立了数个水文监测站，一旦海啸形成，海啸预警系统也会及时更新海啸信息。预警系统只有是全球性的，才能真正有效。

印度洋海啸造成的严重灾害，使人们对预警系统有了新的认识：

建立全球的预警系统比建立各国和区域的预警系统更有效、更经济。

海啸的发生频率很小，所以我们应该更合理地建立综合的各灾种的综合性预警系统。

预警系统应当采用最先进的科学技术。

预警系统不是万能的，本地海啸的预警比遥海啸要困难得多，因此，为了最大限度减轻灾害，除预警系统外，还要注意灾害的预防和建立灾害发生后及时有效的救援系统。

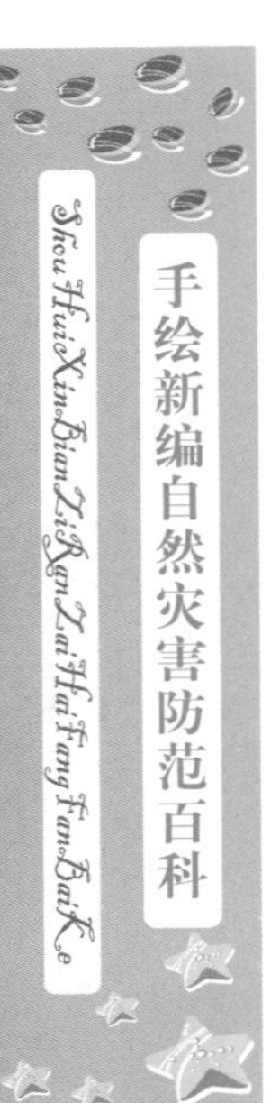

2. 日本的海啸预警系统

（1）日本是地震海啸多发区。

日本是海啸最常“光顾”的国家，甚至远在地球另一端

建立海啸预警系统

发生的海啸，也会波及千万里之外的日本岛，日本人对海啸造成的危害可以说是有着切肤之痛的日本人把海啸叫做“津波”，意思是冲向湾内和海港的破坏性大浪。环绕太平洋的孤岛和海沟区是全球火山和地震的多发区。地球上有记载的由大地震引起的海啸，有4/5都发生在太平洋地区。在环太平洋地震带的西北太平洋海域，更是发生地震海啸的集中区域。具体来说，海啸主要分布在日本太平洋沿岸，太平洋的西部、南部和西南部，夏威夷群岛，北美洲，中南美。其中受害最重的是日本、智利、阿留申群岛沿岸和夏威夷群岛。

日本是海啸重灾区，不但海啸死亡总人数最多，还是发生破坏性海啸最频繁的区域。公元684年至今，灾害严重的大海啸就发生了62次，导致10多万人丧生。最近几十年，日本国内共发生6次强度比较大、灾害比较严重的大海啸，其中1933年的日本三陆近海海啸死亡人数达到了3000人；1983年日本海中部地震造成100多人死亡。

（2）日本的海啸预警系统。

日本是地震海啸发生最频繁、最严重的国家之一。为了有效地防范地震海啸的发生，减少灾害造成的伤亡损失，从1941年开始，日本就在国家的气象厅建立了自己的海啸预警系统。40年后，终于得到实践的检验，在1983年日本海中部发生7.7级地震时，监测系统及时向东京发出警报预警，专家经分析研究，推断将要发生海啸，但分析过程耗时20分钟，在政府发出警报之前，已经有100多人被地震原因形成的海浪

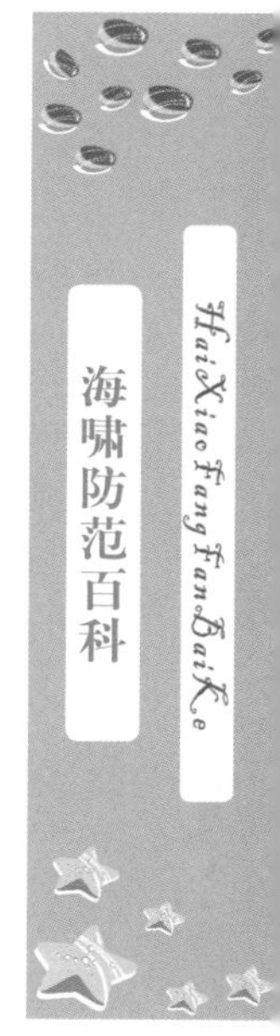

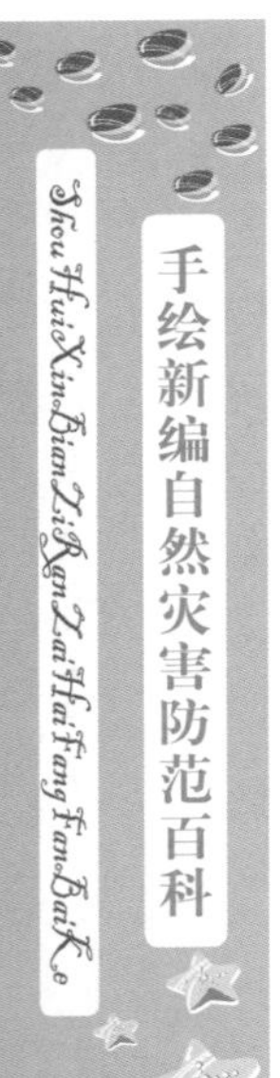

卷走了。这次海啸之后，日本总结各种经验教训，改进了监测系统。此后安装的监测设备可以自动接收地震仪读数，并在10分钟内就能发出警报，比20分钟时候快了一半，但仍然不够完善。1993年北海道发生7.7级地震，海啸几乎立即伴随地震的发生而发生了，地震后3分钟，奥尻（kāo）市即遭到高达29米大浪的袭击，让所有人都措手不及。震后7分钟政府即刻下令疏散，反应可算快捷，但海啸发生得太快，这时已经有198人丧生了。灾难过后，为了更有效地预防海啸，奥尻市人民筑起一道长14千米的防波堤，在某些地段堤高12米，并安装了预警系统。地震一旦达到7级，立即就能自动发出警报。地震的频繁发生和灾难性后果，促使日本政府不断改进和完善预警系统，此后，如果发生相同程度的海啸灾害，日本所受到的损失程度将远远低于其他国家。这就是灾害预警系统的有效性。

（3）1994年起日本气象厅计划新目标。

随着科技的发展和人们认识水平的提高，日本经过不断的完善改进并制造出新一代的海啸预警系统，并按步骤实施，新建系统在大地震发生后3分钟内就能发出可靠的地震海啸警报。只要地震一发生，就有150个高精度地震监测仪和20个STS－2组成的遍及全日本的地震监测网络系统不间断、实时地接收地震信息，并通过P波波形和到达时间来自动、迅速地确定地震程度和具体位置，而且还能及时地将数据传送到电脑中心进行分析，并把分析结果呈现在电视这一公众媒体上，通知电视受众海啸预警，要做出及时有效的预防或避灾，同时实时地预报海啸波高等最新灾情。日本各地的地方政府也有汽笛警报等预警系统，以便在灾害发生时，能及时地通知受灾地区的民众。日本气象厅研制的这种新的海啸预报技术的理论依据是由新的海啸数值模式模拟计算出的各种结果所组成的数据库。通过这些覆盖整个日本的精确模拟的海啸预报，日本政府所有基础单位（如府、县）都可以预报出准确的海啸波高和海啸到达各个地区的时间。对于将遭受海啸灾难的公众来说，这些预报信息是非常重要且有效的。

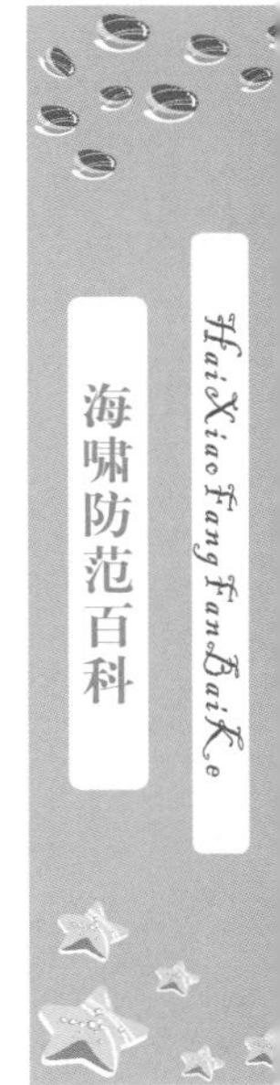

还可以利用卫星发布信息。比如，用数值模式新方法能够更迅速地发布海啸警报，更准确地预报海啸到达时间和海啸波高。当然，海啸发生后，从海啸警报和海啸警报中心的信息传送到公众期间，所用的时间越短越好。日本气象厅根据实际应用情况，已经发展了基于卫星的紧急信息多目标发布系统，其接收设备则安置在各县市的办公室、大众媒体、气象观测站以及其他一些基层的民众聚集地点。通过卫星传输系统，海啸警报和有关地震的信息能够在海啸发生后马上传送到接收设备。信息内容有：

海啸预报开始；

地震的震中位置和震级大小；

海啸抵达时观测到的情况及其高度；

海啸警报结束。

（4）海啸重点防灾区设施完备。

日本东京附近的静冈县曾经受到海啸的猛烈袭击，灾害严重。之后该县开始完善海啸防御系统。2004年年末印度洋大海啸之后，虽然日本没有受到灾害的袭击，但是，静冈县防灾工作人员一直都忙碌于把他们的海啸预防体系介绍给日本其他地区以及其他受灾国。

我们以静冈县预防海啸的重点地区沼津为例介绍这一海啸防御体系。

沼津在1959年建造了一个巨大的防潮堤。防潮堤通常都是梯形的，长50千米，高3.6米，全部都是钢筋混凝土结构，能够抵抗8级地震。地震发生后，它能在3分钟内关闭以抵御海啸的袭击。

沼津的海港分为内港与外港。沼津投资43亿日元，用了9年的时间，在内港与外港之间的航道上兴建了一座高45米、重923吨的巨大水闸。水闸的自动控制系统连接在地震仪上，一旦感应到强烈地震的震感或者监测到水位超过警戒线，会立即发出紧急警告，警戒水平分为三个等级，分别为地震警戒、海啸警戒、演习警戒。水闸下降的速度各有不同，一级警报发出2分钟后开始关闭闸门，再过3分钟就迅速落下，及时地阻挡海啸的袭击。2004年由于台风频繁登陆，达到二级警报水平，造成水闸落下过3次。

（5）未来的计划。

印度洋海啸使日本受到极大震动，虽然没有波及日本，但日本还是给予极大的关注，及时提高警惕，并迅速收集大量数据进行测算，结果惊人：预报显示，将来在东海到日本的四国之间的太平洋海域，也有发生类似于印度洋大海啸灾难的可能。研究结果同时也暴露出许多漏洞，日本全国共建有15118千米的防潮堤，其中只有一半的防潮堤能抵挡住预计的大海啸，17%的防潮堤低于预想的海潮高度，还有30%的防潮堤不能确定是否能胜任防潮任务。

日本政府在2005年初就提出了2011年前的计划。为应对海啸灾害，制定计划在2011年前建立导弹、海啸自动预警系统。具体措施为：要建立更先进的预警系统，以便应付弹道导弹等武力攻击事件和地震、海啸等灾害。日本计划在2011年前，全面实现地面波数字电视广播，覆盖日本各家各户的数字电视接收机以及带有电视接收功能的手机也可以直接接收危机警报信号，并且能够强行启动或中断正在收看的电视节目，改为播报危机警报。只要电视接收机没有切断电源，也就是电视机处于待机状态时，就能使电视机自动开启播发危机警报。

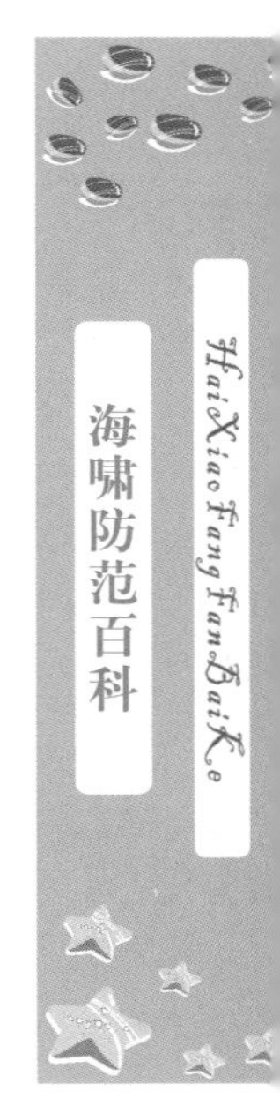

这种手段能够快速、准确、直接地向公众传播突发性危机警报。

3. 美国地震海啸预警系统

除日本以外，美国也是世界上遭受海啸威胁非常严重的国家。在太平洋沿岸美国北部的阿拉斯加州和西海岸的华盛顿州、俄勒冈州和加利福尼亚州都属于海啸威胁区。1964年，阿拉斯加州发生8.4级地震并引发海啸，死亡人数达150人，其中有122人死于海啸。这次灾难过后，美国立即建立了海啸预警机构。

（1）美国海啸预警系统。

美国海啸预警系统下属两大海啸预警中心，即太平洋海啸预警中心和阿拉斯加海啸预警中心，布置了如下探测设备：太空中的海洋观测卫星，在大洋底层、岛屿上以及岸边也建有地震波探测站，大洋中的潮汐监测站等，从而形成一张从太空到海底的完备监测网。

海啸预警计划：为了更加全面地保护美国海岸安全，美

美国海啸预警系统

国从2005年初开始扩建原有的太平洋海啸预警系统。美国在东海岸大西洋上也建立了预警机制。

美国投资4000万美元，于2007年将太平洋原有的6个深海探测浮标增加到31个，并首次在大西洋和加勒比海上设下7个浮标。浮标与海底压力记录仪相连接，将接收的数据通过卫星传送到预警中心。另外，美国正与有关国家磋商，计划在印度洋及其他地区建立预警机制。

（2）太平洋海啸预警系统。

由于80%的大海啸都发生在环太平洋区域，所以太平洋地区的各个国家非常重视海啸的研究及防范工作。最早的海啸警报中心成立于1948年的夏威夷，1964年，美国人又在檀香山设立太平洋海啸警报中心（PTWC）。后来，又根据联合国科教文组织（UNESCO）政府间海洋学委员会（IOC）的敦促提倡，在1966年建立了太平洋海啸预警系统，并成立太平洋海啸预警系统国际协调小组（ICG／ITSU）。这个国际协调小组每两年召开一次会议，评价海啸预警系统的进展情况、协调各个国家之间的活动、改善相关的服务。该协调小组由以下国家组成：日本、美国、加拿大、墨西哥、智利、法国、哥伦比亚、中国（1983年加入）、韩国、朝鲜、澳大利亚、印度尼西亚等28个国家。太平洋海啸预警中心设在美国的夏威夷，并由美国国家海洋大气管理局主管。该中心组成系统很复杂，包括太平洋地区的24个地震监测站、52个警报发布点和通信联络、国家与地区海啸警报系统、卫

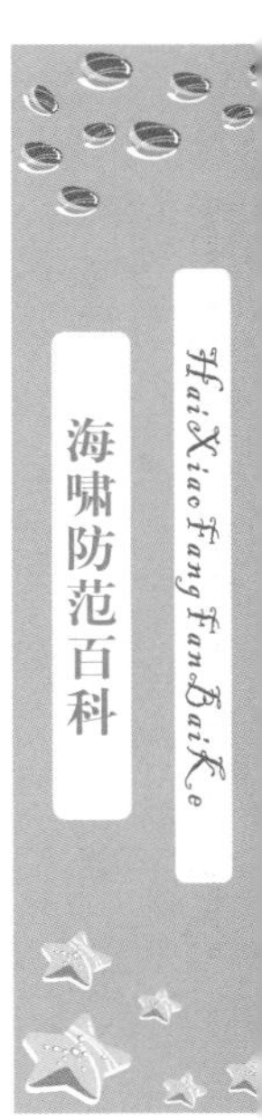

星、电缆和53个验潮站。该中心的主要任务是传播较大地震发生的地震要素和震区附近发生海啸实况的信息。

4. 中国地震海啸预警系统

（1）中国沿海海啸预警系统。

目前，我国的海啸预警机制已经初步建立，具备了海啸预警能力，尽管如此，人们仍需不断地加强能力建设和有关部门之间合作协调机制。我国的海啸主要发生在台湾海域、渤海和南海。从2004年起，海啸、风暴潮等灾害也已被列入国家灾害应急机制。

中国海啸预警系统

我国是一个风暴潮灾害多发之国，与地震海啸相比，风暴潮发生的频率和危害程度要高得多、严重得多。由于这两类预报业务类似，所以，现在我国已合并了这两类预报业务，由国家海洋环境预报中心承担。为此，我国沿海设立了286个验潮站，其中，承担风暴潮的预报任务的就有100多个站。我国的海啸警报网是由国家地震局、国家海洋局及各验潮站共同组成的。

（2）加强对海啸的研究。

20世纪90年代后期，我国国家海洋局组织开发太平洋海啸传播时间数值预报模式、太平洋海啸资料数据库和本地越洋海啸数值预报模式。这一模式曾在福建惠安、浙江秦山、广东大亚湾等五个核电站的环境评价中，得到应用。在发生了印度洋大海啸以后，还组织专家对其进行数值模拟。

（3）中国海洋灾害应急预案启动标准出台。

《赤潮灾害应急预案》和《风暴潮、海啸、海冰灾害应急预案》由国家海洋局编制完成，通过国务院审议以后，已被确定为《国家突发公共事件总体应急预案》的部门预案之一。2005年11月15日，国家海洋局正式印发并实施了这两个预案。

总体应急预案

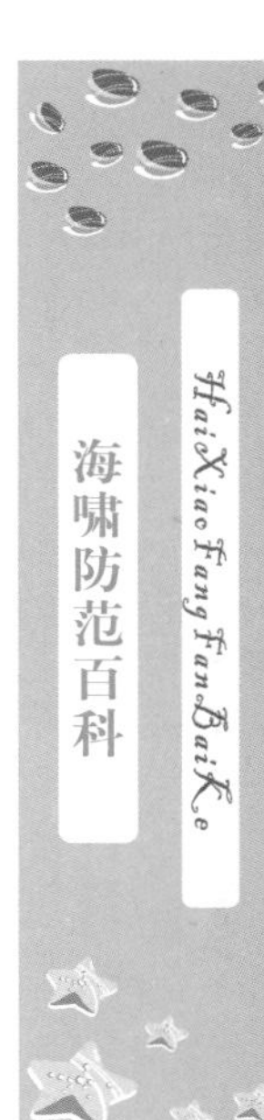

预案明确了灾害调查评估、监测预警系统能力建设、保障措施、灾害预警启动标准、海洋灾害应急的目的、组织体系和职责等，不仅重点突出了海冰、赤潮、海啸和风暴潮灾害的监测、预警，还详尽规定了灾害的分级处置标准及程序，建立了预警响应与应急响应的具体措施和流程，对于有关工作单位的职责和责任人等也都有明确的划分，可操作性很强。

（4）海啸预警级别。

海啸预警有Ⅰ、Ⅱ、Ⅲ、Ⅳ四级警报级别，它们代表着轻重缓急的意义。

海啸Ⅰ级警报是将会出现特别严重海啸的海啸预警，红色是其代表色。受海啸影响，预计沿岸验潮站有3米（正常潮位以上，下同）以上的海啸波高出现，而且会严重损毁300千米以上岸段，能够危及人类的生命、财产安全，发布Ⅰ级海啸警报。

海啸Ⅱ级警报是将会出现严重海啸的海啸预警，橙色是其代表色。受海啸影响，预计沿岸验潮站有2～3米的海啸波高出现，严重损毁局部岸段，危及人类的生命、财产安全，发布Ⅱ级海啸警报。

海啸Ⅲ级警报是将会出现较严重海啸的海啸预警，黄色是其代表色。受海啸影响，预计沿岸验潮站有1～2米的海啸波高出现，而且在受灾地区，会有房屋、船只等受损的情况发生，发布Ⅲ级海啸警报。

海啸Ⅳ级警报是将会出现一般海啸的海啸预警，蓝色是其代表色。受海啸影响，预计沿岸验潮站有1米以下的海啸波高出现，而且会对受灾地区造成轻微损毁，发布Ⅳ级海啸警报。

（三）海啸防灾减灾工作

1. 海啸防灾减灾的好建议

印度洋大海啸引起了国际上的普遍关注，同时，各国对防灾减灾方面的工作也进行了反省。我国的专家、媒体、人民团体及政府官员对于海啸的防灾减灾工作，提出了以下几方面的建议：

（1）大力普及防灾减灾科学知识，增强全社会防灾减灾的意识。

各级宣传部门要把防灾减灾宣传真正纳入年度宣传工作计划，并组织拍制科教片，在各级电视台播放。同时，教育部门要把防灾减灾知识组织起来，并编制成课本，列入中小学的教学计划中，使学生对其有一定的了解并能掌握一定的防灾减灾措施。如此一来，通过这些积极、广泛、科学、有效的宣传，提高全民的防灾减灾知识水平。

（2）把防灾减灾工作纳入社会发展和国民经济的规划中。

在国务院制定国家“十一五”规划时，建议把防灾减灾工作安排到适当的位置，使防灾减灾科学技术现代化进程能

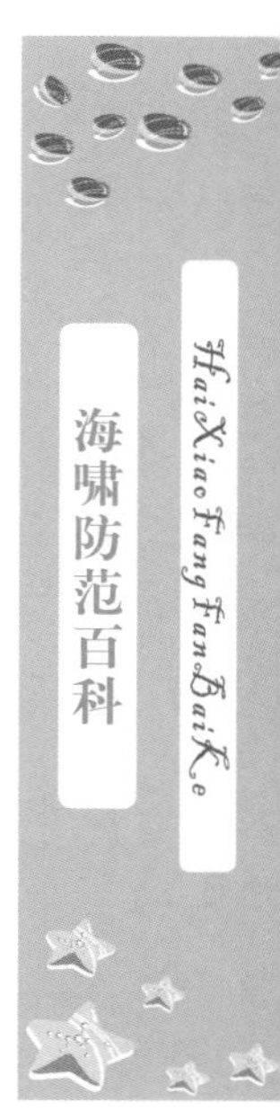

够加速推进，让防灾减灾的科技能力得以提升。在将气象、地震、海洋地质灾害的综合防御工作继续加强的同时，也要把沿海地区的地震海啸预警系统尽快地建立起来。

（3）加强防灾减灾的基础研究。

自然灾害的预测预报不但涉及了观测和实际条件，也涉及了灾害的成因与有关前兆的机理，在当代自然科学领域里，它是难度很大的前沿课题。它的发展历史比其他科学领域短暂，还有综合性强、难度大、要经过长时间的探索等特点。所以，国家应加大对这方面科研工作的支持力度。

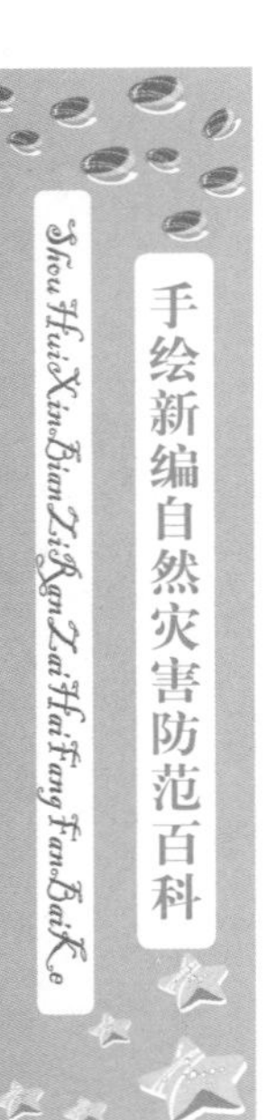

（4）进一步健全防灾减灾的法律法规体系的建设并强化监督检查。

由于防灾减灾涉及了社会经济生活的多个领域，所以要在各级政府领导下，把广大社会公众和全社会各方面的力量动员、组织起来，进行协调一致的努力，将灾害降至最低。它的实现需要健全的法律法规为基础。

我国作为国际太平洋海啸警报系统成员单位，要加强国际间海啸预警预报的合作，加强与发达国家开展预警预报的技术合作研究。

2. 普及防灾减灾科学知识要从娃娃抓起

重大灾难的一次次侵袭，给人类的生命、财产带来了重大的损失，家破人亡，流离失所，生命越发显得脆弱。大力普及防灾减灾科学知识，增强全社会防灾减灾的意识，这并不是一个口号，而是要付诸于行动。

华中师范大学博士生导师、十届全国人大代表周洪宇呼吁：我国应着手进行全民族生存教育的立法调研，从法律层面唤起加强全民族生存教育的意识。此外，他还指出，生存教育是指发生灾难时，人们能够根据事故现场的环境作出准确的判断，然后，镇定地运用自救逃生的基本知识和技能，把风险规避掉，脱离现场，使生命得以保全，它与一般意义上的安全教育并不是一致的。

对于这方面的知识，最佳的教育时期就是从小时候开始，这样，才能更好地提高民众在这方面的素质，当灾难发生时，我们也能很好地应对。让我们来看看前面提到的10岁的“海滩天使”怎样运用她学到的知识救了几百人的生命。

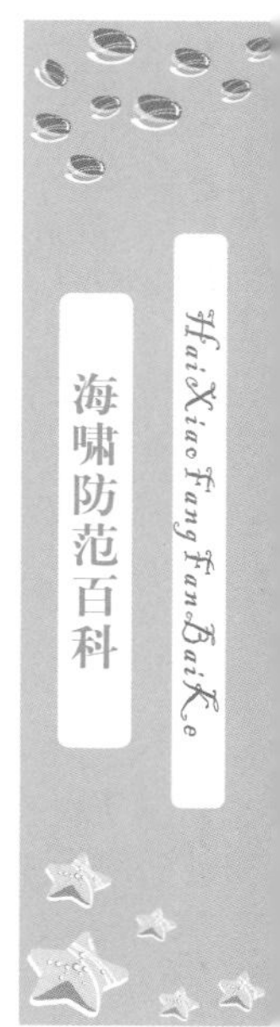

普及防灾减灾科学知识要从娃娃抓起

10岁的英国女孩缇丽和父母在泰国的普吉岛海滩度假时，遭遇了印度洋特大海啸的袭击。在海啸来临前的几分钟，缇丽看见很多泡泡出现在海滩上，然后，浪突然就打过来了，这是地震引发海啸的最初情形，地理老师曾经在课堂上描述过。看见这样的情形，缇丽一脸惊恐，她想起地理老师曾这样说过，从海水渐渐上涨到海啸袭来，只有短短的10分钟左右的时间，于是，她急急忙忙地跑到妈妈面前，“妈妈，我们现在必须离开沙滩，我想海啸即将来临！”然后，她们通知了海滩上的所有游客，但是，刚开始的时候，小女孩的预见并不能让在场的成年人完全信服，由于缇丽的坚持，在几分钟后，全部的游客们都撤离了沙滩。在这几百名游客到达安全地带后，他们就听见巨大的海浪声从身后传来——“噢，上帝，海啸，海啸真的来了！”在海啸发生的当天，普吉岛海岸线上惟一没有人员死伤的就是这个海滩。缇丽运用学到的知识和她的坚持，使几百人的性命得以挽救，在激动和惊恐中哭泣的人们，争相拥抱和亲吻他们的救命恩人。

10岁的英国女童之所以能挽救那么多人的生命，不仅仅因为她有丰富的知识为基础，看到海水泛起“很多的泡泡”，随即告诉妈妈……那么简单。试想一下，如果预感到海啸即将来临的小缇丽只会吓得大哭不止，那么，在这场海啸灾难中，还有谁能够救她自己和别人？所以，在面对灾难时，能够镇定自若，科学应对，这正是缇丽与其他依赖性过强的孩子不同之处，也是她勇敢的表现。

世人在为10岁的“海滩天使”骄傲的同时，也应开始反思：在灾难预防及临危不乱的教育上，我们的孩子被教到位、学到位了吗？为什么外国的成年人能够把小孩子的话听进去，而我国的爸爸妈妈就只会说“小孩子别乱说”这样的口头禅？这是10岁小女孩能够成为“海滩天使”的原因，也是我国学校教育和家庭教育不足之处，应引起社会各界的深思。

3. 加强学校安全教育

相关信息显示，学校对安全教育的重视程度越来越高，很多学校都专门开设了安全课，邀请交警或其他相关部门的专业人员来给孩子上课。但是，我国现在的安全教育存在着一个通病——没有广阔而新颖的模式，大多只是诸如让孩子出门时不要忘了关煤气、不要忘了带钥匙、不要和陌生人说话等老生常谈的话题。

开展生存教育的学校很少，即使有，其内容也往往只限于防水、防火、防蛇咬等，很不全面，而对地震、雪崩、海啸、龙卷风、泥石流等自然灾难，要进行怎样的生存自救却没有足够的重视。孩子们对于地震、海啸等自然灾害知识不仅不了解，而且对山川、荒野、极地、大海的了解也几乎没有。

与中国国情不同，在一些发达国家，孩子人生教育的

加强学校安全教育

重要内容是自我保护以及如何保护他人的知识。对于灾难的预防和应对知识，学校不仅设有专门的课时，而且还以多种形式对学生加以强化训练，这些知识已经被设定成孩子们的必修内容。比如，在地震多发国之一的日本，为了让孩子在地震中能够保护好自己，在幼儿园时，学校就开设了相关课程，给孩子灌输预防和应对灾难的知识。

（一）海啸来临时的自救

海啸虽然只是一种海浪，但它却具有强大的破坏力。这种波浪运动会引发汹涌澎湃的狂涛骇浪，它能够卷起可达数十米波高的海涛。当这种含有极大能量的“水墙”冲上陆地后，常常对民众的生命和财产造成严重的损害。

海啸来临时的自救

了解海啸征兆和自救常识，并不只是为了扩充知识面的，关键时刻还可以挽救生命。如果遭遇海啸应该如何自救呢?

收到海啸警报后，在港湾的船舶不要继续停在港口，应该立即向深海区域驶去，航行的海上船只也不要回港或靠岸，要立即驶向深海区。

假如来不及开出海港，那么，停泊在海港里的船只中的人也要马上撤离到安全的高地。

海啸登陆时，海水常常会有明显降低或升高的现象，倘使你看到海面有异常快速的后退现象，要立刻撤离到内陆地势较高的地方。

假如你已经来不及转移，可以暂时躲避到修建于海岸线附近的一些坚固的高层建筑的上部。但是，千万不要躲进海边低矮的房屋里面，它们在海啸面前，往往不堪一击。

在海啸来临时，倘若你不幸落入水中，千万不要惊慌失措，应该在脑中迅速回想一遍关于海啸的相关知识，然后，镇定地观察周围是否有木板等漂浮物，如果有，要尽可能地将其抓住，避免碰撞到其他硬物。

尽量让身体漂浮在水面上，不要举手，不要胡乱挣扎，除非游泳能使你回到岸上，否则要尽量保存体力。

如果你感到口渴，千万不要喝海水，那样只会越喝越渴。

如果海水的温度偏低，千万不要把衣服脱掉。

如果你附近还有其他落水者，要尽可能与其靠在一起，积极地互相鼓励、互相帮助，尽力让救援者易于发现你们的踪迹。

1. 自救互救要领

由于海啸必经海岸、沙滩，所以在海啸来临时，要远远逃离这些地方，同时，也要尽量避开河流、谷底、山涧，如果当时你正在其附近，也要尽力躲避到两侧的山丘、斜坡上。

在收到海啸警报后，不要接近狭窄的巷子及有密集建筑物的地方。最好的躲避位置是高地，倘若你来不及撤离到高处，可以暂避到坚固的高大建筑物上。

如果海啸来临时，你正处在船舶甲板上来不及撤离，为避免被甩进海中，应紧紧抓住船上牢固的物体。

在躲避了2小时后，如果海啸警报仍然没有解除，那你最好还是呆在原地躲避，因为避开海啸的时间应在2小时以上。

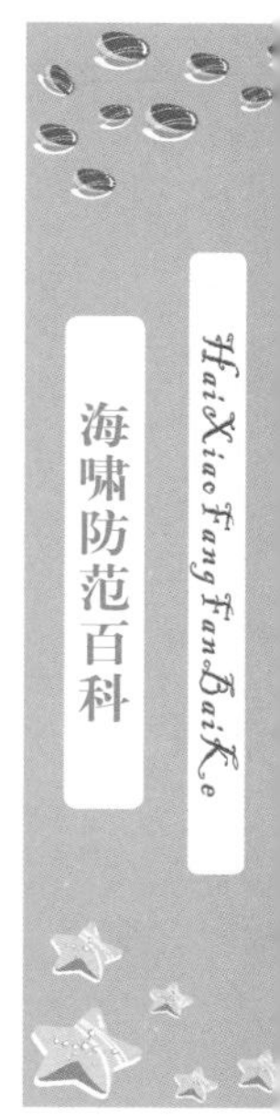

2. 如何抢救落水者

将落水者救起来后，应该让他尽快恢复体温，如为他披上大衣、毛毯或被子等保暖物，或直接让他进入温水里面浸泡，不要对其进行局部按摩或加温。

不要让落水者饮酒，可以适当地给他喝一些糖水。

倘若落水者受了伤，应该立即对其采取急救措施，如止

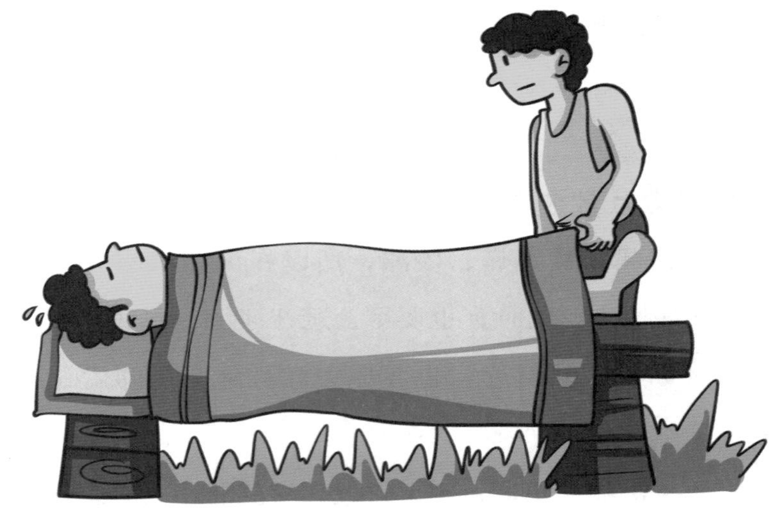

抢救落水者

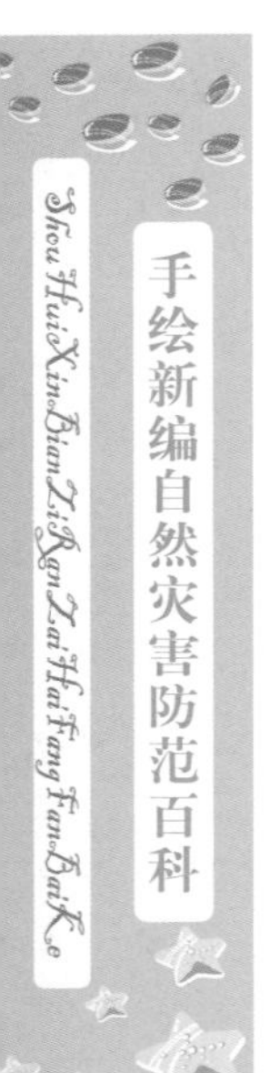

血、包扎、固定等；倘若落水者受伤比较严重，那么应当及时将其送到医院进行紧急抢救。

为避免溺水者窒息，对其口腔、鼻腔和腹内的吸入物，要及时进行清除。具体做法是把溺水者的肚子置于施救者的大腿上，然后，施救者按压溺水者的后背，让其倒出海水等吸入物。

倘若溺水者被救上来后，已经停止了心跳、呼吸，应该立即交替着对其进行心脏挤压和口对口人工呼吸。

（二）自救案例

1. 对海水深度敏感的土著民族

2004年12月26日，发生的印度洋特大海啸引起了社会各界的广泛关注，其中，很多媒介都以《海啸逃生奇闻·英国女孩智救百条人命》为题，对这场海啸中一些相关的自救互救案例作了相关的报道。这个例子我们在前面就已经提到过，除此以外，还有一则奇特的报道。在海啸发生后，世人曾一度对生活在印度偏远岛屿安达曼—尼科巴群岛的原始部落极为担心，认为他们很可能已经“从地球上消失”。然而，随着美联社对这个原始部落进行报道后，人们才知道，其实不用担心这个有着约7万年历史的“史前部落”，因为早在那场灭顶之灾来临之前，他们就已经举家逃离了海滩。

从报道中我们得知，在安达曼—尼科巴群岛上生活的原

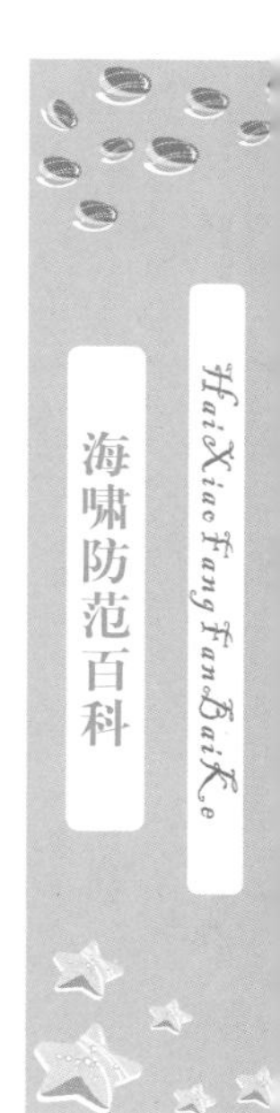

一名男子朝着直升机射出一支冷箭

始部落的居民，其总人数仅有400～1000人。根据人类学家对其进行的研究发现，7万年以前，这里就有他们的祖先生活的痕迹了。

印度环境专家罗伊说：“这些土著们不仅能够嗅出海风的味道，而且可以凭借划桨的声音测量海水的深度。一句话，他们拥有现代人所不具有的‘第六感’。”据人类学家和印度政府官员分析，这些土著居民世代相传的“逃生秘笈”是他们赖以求生的法宝，其中，包含了诸多古老的知识，如海潮、风向以及鸟类动向等。

这些原始部落一直以来都保持着与外界隔绝的生活状态，他们对任何私闯进来的不速之客“深恶痛绝”。有一件让人啼笑皆非的事发生在海啸之后，一名驾着救援直升机的印度海岸警卫队的指挥官惊喜地发现岛上有幸存的土著居民时，迎接他的竟然是部落里的一名裸体男子朝着直升机射出的一支冷箭。

2. 不要放弃生的希望

2004年12月26日，当地时间为上午9时30分左右，属于辽宁省大连海洋渔业集团公司的大型远洋鱼品冷藏船“海丰2023”轮，在马尔代夫库都港停靠，突然，海面上浮现出了大量的带鱼和鳝鱼，开始船员还抱着“看热闹”的心态观看。但是，海水在极短的时间内如烧开水似的喷涌起来，其水位的起伏也极其变幻莫测，在2～3分钟的时间里，就有高达1.5米以上的水位差，在水位上涨的时候，海上的船只以及整个海岸都遭受到了喷泉似的海水冲击。上下颠簸的“海丰2023”轮开始随着波浪起伏。在这个时候，船只根本不能出港，而且，船舶因为强大反差的海水，已经没有办法操纵了。拴牢所有的缆绳是现在惟一可以挽救船只的办法，在夏重族船长的指挥下，全船人员都加入了缆绳的加固工作中。如果缆绳断了，就把它重新接上，如此反复，13根缆绳中，其中有6根断了8次。发着“脾气”的大海，直到了中午时分，才渐渐平静下来。轮船在全船人员团结奋战的努力下，终于得以保全，摆脱了可怕的险境。

回到大连后，“海丰2023”轮全体人员由于在海啸中的奋勇抗险保住了轮船，受到了集团的表彰，并得到了3万元的奖励。假如该船提前收到海啸预警信号，那么船员就能将其安全地驶离港口，不会遇到那样的险境；但在没有得到海啸预警信号的条件时，要靠着自己的力量，全力抗击突如其来的灾害，才能保住宝贵的生命和财产。

（一）历史上具有代表性的海啸

1.1755年里斯本地震和海啸

1755年，葡萄牙首都里斯本是当时世界上最为繁华的城市之一，有25万的人口。11月1日那天，里斯本遭受了强烈的地震以及随后而来的海啸袭击，在这之前，许多正在教堂参加宗教仪式的居民就注意到了吊灯在不停摇晃的现象。这次地震海啸灾难中的幸存者对里斯本地震的效应有着深刻的印象，他们对其作了这样的描述：首先感到了城市强烈的震颤，那些高大建筑物的楼顶“像麦浪在微风中波动”。然后，较强的晃动随之而来，在街道上，有许多像瀑布似的落下来的大建筑物的门面，留下荒芜的碎石成为被坠落瓦砾击死者的坟墓。接着，城市遭遇了几次海水的急速冲击，其中，低洼地势毫无保留地被汹涌的海水淹没，那些没有任何准备的百姓则被海水席卷而起，或随波逐流，或死于非命。

吊灯在不停地摇晃

随后，一些教堂和私人住宅发生了火灾，渐渐地，许多起分散的火灾汇成了一场特大火灾，整整三天，全城遭受了肆虐的大火的侵蚀，大火摧毁了城中大部分建筑物，烧毁了大量珍贵的文物。

对于1755年里斯本地震，震级最后估计是在8.4～8.7之间。它产生的原因是欧亚板块和非洲板块相互碰撞。这次里斯本发生的地震，使许多区域都受到了影响，其中，感觉到强烈震动的有北欧、北非和英国。

对这次地震和海啸，里斯本大学的研究小组收集了大量有关的历史文献，他们从中找出了82件与海啸有关的文件，720件与地震有关的文件，欲对这次地震和海啸进行深入的研究。通过对这些海啸的记录进行分析，他们发现：第一个被海啸袭击的城市是Cabo St.Vicente，在10分钟以后，海啸才袭击里斯本。地震的发生地点在海里，由地震引发的海啸，其出发点是地震震中，离它越近的地方，会首先遭到袭击，然后，它就会向外袭击较远的地方。但是，海啸在各地的波高并非取决于离震中的距离，而是受被袭击海岸城市附近的海底地形的影响。

里斯本这个富足的文明之地和基督教艺术之“国”的破坏，触动了世人的信念和乐观的心态。这种灾难在自然界的位置问题由许多有影响的作家提了出来。“如果世界上这个最好的城市尚且如此，那么其他城市又会变成什么样子呢?”——这是伏尔泰在观察里斯本地震后感慨的评论，他将其写在小说《公正》一书中。

2. 1835年康塞普西翁大海啸

智利——位于南美洲西海岸一个地形狭长的国家，它西濒狭长的太平洋海沟，东倚高峻的安第斯山脉，刚好处于深渊与高山之间，其中，海沟附近是火山和地震最为活跃的地方。智利常发生一种严重的自然灾害，即由海底地震、火山喷发引起的海啸。在漫长的历史长河中，海啸曾多次侵袭智利太平洋东岸的一些海滨城市，造成城市被毁，人员伤亡严重。

康塞普西翁——一座坐落在智利首都圣地亚哥以南420千米的海滨的省会城市。1550年12月8日，由于是圣母玛利亚的“纯洁受胎节”，所以，当时西班牙殖民者在此建立了意为“怀胎”的康塞普西翁城。此城之所以会多次遭受地震和海啸的毁灭性打击，究其原因是其城址处于环太平洋地震带最活跃的地方。近300年来，地震和由地震引发的海啸将这座城市毁掉了三次，但是，每一次过后，都被重新建立起来，它实在称得上是一座英雄的城市。1751年5月24日，大地震在康城附近发生，市内被汹涌的海水冲击，康塞普西翁城第一次遭遇到无情的摧毁。1754年，在原来的城址上稍微挪动，新城重新被建立起来。然而，1835年，此城遭到了大地震的再次“光顾”，一场大海啸由此引发，这次，康塞普西翁城遭到毁灭性的破坏。在这次灾难发生后，新城被重建于原址上，1960年，多灾多难的康塞普西翁城遭受了第三次大海啸袭击，这次，城市遭受的打击比第二次要轻一些，但是，也近乎为半毁灭性破坏。

康塞普西翁城，遭受的三次由大地震引发的大海啸灾难中，遭到最大一次破坏是1835年发生的那次，即第二次。

1835年2月20日上午10时，大群海鸟纷纷朝着内地飞行，鸟儿这种异常的“登山”行动似乎在向人们昭示什么。11时40分，一场震中在比奥比奥河口的海底的地震发生。在地震刚开始的时候，造成的影响还比较轻微，但是，仅仅在半分钟以后，大地就开始出现颤动，其中，有不少人不能站稳而跌倒于地，很多居民感觉，大地像是一艘摇荡在风浪中的轻舟。此类状况持续的时间较长，大约为一分半钟。然后，大地开始了一阵更为强烈的震动，经过两分钟的颠簸后，终于，大地像个刚发完脾气后渐渐平静下来的沧桑老妪，显现出了百孔千疮的景象。原来，这次地震的起因是一次大规模的地壳升降运动，在这次地震中，出现了海水猛然下降，许多陆地则突然隆起的奇景。康塞普西翁城的地面上，不管是城内，还是城外，到处有裂缝出现。受这次地震的影响，山岩发生了崩塌，发出了震耳欲聋的炸裂声，崩落谷底的土石有上万立方米。

在这次地震发生后的15分钟左右，海水突然发生了迅疾的消退现象，其后退距离竟有1600米之远。塔尔卡瓦诺——康塞普西翁外港，在地震发生后，其港域出现全部露底的现象，映入眼帘的是欢蹦乱跳的鱼虾，乱舞着钳子横爬的螃蟹，搁浅的船只，甚至海底的岩石、珊瑚礁都能够看见。

螃蟹

灾难似乎也有不好意思的时候，还出现这一奇景抚慰受惊的人们，其实，这种典型现象正是大海啸即将席卷而至的前兆。

果然，这种现象持续了大约有半个小时以后，海水去而复还。瞬间，有着排山倒海之势的波涛滚滚而来，浪潮与平时相比，竟高出10米以上，海滩在其摧枯拉朽之势下，被轻松占领，紧接着，陆地也受到强袭，城市里面不久便涌入了滚滚海水。然后，汹涌而退的浪涛就席卷了途中所能带动的一切东西，一些居民由于跑得不够快，也被卷入了大海之中。海浪就这样以忽进忽退的形式，数次循环，而且，其侵袭强度一次比一次猛烈，造成的影响一次比一次惨重。康塞普西翁城，在经过狂涛如此的洗劫之后，只有墙基剩下来，可以说，此城已经完全成了一片废墟。海潮的力量，是小小的人类根本无法抗争的，所以，当巨浪席卷而来时，很多居民瞬间就被卷入大海中，这些被巨浪吞噬的人，或被巨浪抛到了空中，或被卷进了海洋的深处，很快，他们的踪迹就无法追寻了，在咆哮的海神面前，人类的力量总是显得那样的渺小。

与此同时，太平洋沿岸也遭遇到了每小时几百千米的海啸波的横扫，受到严重冲击的有9000千米外的夏威夷群岛，首先遭到严重破坏的就是那里的防波堤，随后，建筑物等也受到不同程度的损毁。这次地震海啸波及了智利的广大区域，南北长1600千米，东西宽800千米都在受撼动的范围之

内。除了康塞普西翁城之外，奇廉、塔尔卡瓦诺等城市也遭到了摧毁。

震后第13天，也就是3月4日，被摧毁的康塞普西翁城来了一位正在做环球旅行的英国生物学家——达尔文。此时，尽管这里已经平静下来，但是，灾后千疮百孔的景象仍惨不忍睹。昔日繁华热闹的城市已化为乌有，海滩上到处散落着建筑物的各种零件，如门窗、床板、书架、木梁、屋顶，还有被打翻的船只的帆桨、船骸，此外，还有各种商品，如成包的茶叶、棉花以及其他从仓库中冲出来的商品，整个海滩就跟垃圾场似的。然而，这些却只是康城遭劫后遗留下来的一些残余东西，大部分财物已经被巨浪席卷而去了。达尔文对于遭遇了海啸侵袭后惨不忍睹的康城，不胜唏嘘。“人类

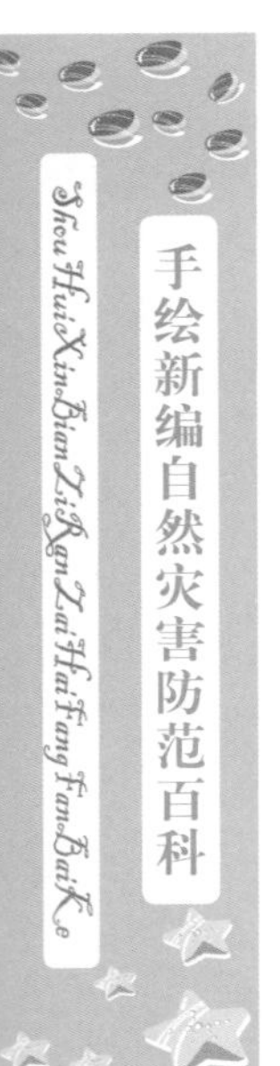

海滩上散落着建筑物的零件

用无数时间和劳动所建树的成绩，只在一分钟内就被毁灭了！”这是他在游记中的感慨。

地震海啸给人类带来了十分巨大的灾难。鉴于智利受到地震海啸的严重侵袭，智利政府对于研究和预测地震、海啸的工作极其重视。然而，依靠现在的技术水平，还不能完全战胜地震、海啸。倘若美洲板块、太平洋板块发生剧烈的移动，或是频繁地移动，就可能再度引发强烈的地震、海啸灾难。现在，人类只能通过预测、观察来预防或减少突如其来的火山、地震、海啸等灾害造成的损失，但却不能控制它们的发生。

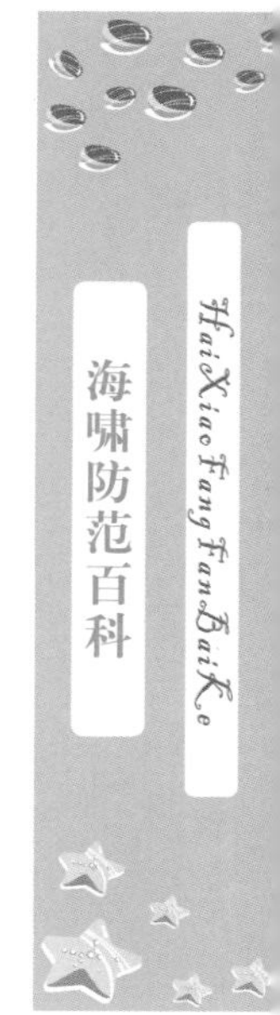

3.1896年日本本州大海啸

日本列岛是地震和海啸常常“光顾”的地方，在日本漫长的历史长河中，各种灾难占据了重要的位置，其中，较为醒目的就是地震和海啸。自远古时代起，日本人民对于地震和海啸灾害，就始终信任着这样的说法——在地底深处，神看守着一条鱼，它往往在神稍有疏忽之时，就乘机翻身，引发地震。而在广阔的大洋之中，时常兴风作浪引发灾难的则是另一个海洋巨兽——海啸，这是人们为它起的名字。

1896年6月16日，阴霾的气候笼罩着日本本州的东北海岸。这种气候与整日下个不停的瓢泼大雨相比，更加让人觉得沉闷不安。在日本的“男孩节”这天，准备在沙滩上举行庆祝仪式，共享节日欢乐的人们，纷纷从各地赶来。正午时分，人们正聚集在沙滩上，忽然，他们明显感觉到了不知在何地发生的地震对沿海强劲的冲击力。对于这个一天能发生三次地震的国度，尽管有些地区的居民对这种情况已经习以为常，但是大多数人还是及时有序地疏散到了附近的小山上。他们俯瞰着表面显得很平静的海洋，静静地等待着，雨凑热闹似的，不知道在何时下了起来。直至黄昏时分，大雨才渐渐停歇，天空因为雨水的清洗显得异常明朗，再加上绚丽无比的落日余晖，使得准备狂欢的人们充满了节日欢愉的希望，他们陶醉于夕阳的美景之中，纷纷回到了海边。然而，人们似乎被上苍有意捉弄了，在恢复平静的气氛里，杀机又开始显露。傍晚7时30分左右，接二连三的震动发生在本州东北沿海一带的地域，但是对于这种厄运临近的先兆，已丧失了警惕性的人们对其熟视无睹。晚间8时20分至30分，在小地震连续震动8个小时以后，真正的劫难才姗姗降临此地——海啸的魔爪伸向了5万没有觉察的庆祝者，恐惧、毁坏以及死亡，是巨大的海啸带给人们的“礼物”。在古怪的嘶嘶声中，沿岸的海水好像被什么海怪给吞噬了，突然就消退得没了踪影。随海潮一并消失的，还有那些原本停泊在港口此时就像脱了缰的野马的船只。而且，海水退却后，海滩上出现了大量乱蹦乱跳，拼命挣扎的鱼虾。随即，一阵轰隆隆的巨响传入人们耳中，响声越来越大，最后，就如军队万炮齐发，似乎要将人撕裂似的，惊恐的狂欢者们还没有回过神，弄清楚到底发生了什么事，就听见如雷的咆哮声隆隆地朝着岸边接近，汹涌的大海浪席卷而来，高达34米，时速达800千米/小时，你简直难以想象。看到这种情况，受惊的人们才想起来要逃亡到高处，可惜，无论如何，他们也比不了海浪的速度了。势不可挡的大海浪朝着前方横扫而去，好像要吞噬掉整个陆地。

在灾区中心，海浪吞没了一座又一座的小镇。其中，位于海边的釜石镇就消失于34英尺（1英尺=0.3048米）高的巨浪下，在6557人中，死亡的就有4700人；4223座建筑物，只有143座保存下来，但是它们却并非完整的，而是残缺不全的。往北五英里的二见村，据统计，有6000人死亡，幸免于难的只有1000人。在山田，4200人中，死亡的就有3000人。在土唐丹，1200人中，遇难的有1103人。在遥远的神户，海

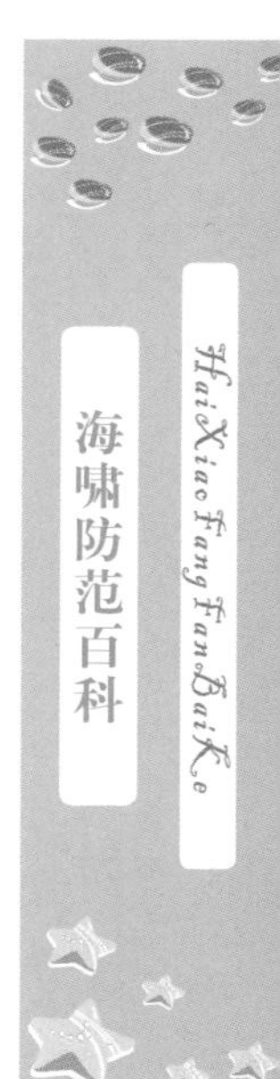

遥远的神户

浪的尾部击中了两艘轮船，然后，船沉到了海底，上面的178人无一幸免，都被淹死了。在其他一些地区，死于此次灾难的有近1万人。这次在本州海岸登陆的海啸，使得长达160多千米的东北沿岸被洗劫，160多千米的内陆被席卷，1万多间房屋被卷走，2000多座建筑设施被冲毁，3万余人葬身海底。

日本海岸被海啸肆虐时，几百条在海上运作的渔船几乎没有震动的感觉。此次海啸灾难中，当地的幸存者少之又少，基本上都是那些早晨出海打鱼的人，他们无疑是幸运儿，但是，当满载鱼虾的他们兴致勃勃地往回赶，想着就要与家人团聚时，却是死一般寂静的港口和码头，以及瓦砾满地、尸横遍野这样满目凄凉的残酷现实等待着他们。他们的幸运可以说是无知无觉和痛苦不堪的。也有在海啸肆虐时就隐隐有感觉的渔民，从一些幸存的渔民口中得知，他们先是有一点点震动的感觉，当他们设法朝着岸边靠近时，却被巨大的浪涛逼着退了回去。几小时后，有一个渔民看见水中漂浮着一条大鱼似的东西，他划动渔船，慢慢靠近，一看，竟是一条席子上漂浮着一个活生生的婴儿，像这样被救起来的孩子还有很多。

一些从海啸的魔爪下逃脱的人经历了神秘而奇异的过程。比如，在某地区，很多被冲到大海的人又被海浪抛出海湾，活着坠落在对面的海滩上。有几个人，当海浪将他们席卷而去的时候，惊恐的他们根本无力挣扎，可是，当他们从昏迷中醒过来后，却发现自己躺在一个小岛上，并且安然无恙。一位父亲，当家里的楼房被海浪猛烈冲击时，为了博得一线生机，他果断地将六个孩子放在自家的椽木上，可是，海浪还是将最小的一个孩子冲走了，父亲不忍心丢下自己的孩子，于是，他朝着孩子拼命游过去，试图将他救起来，可惜，海浪最终还是吞噬掉了这俩父子，不过，值得欣慰的是，其他五个孩子在这次海啸中都好好地活了下来。有个地区，几十个孩子被他们的父母救到了山上，然后，为了挽救别的孩子，父母们匆匆而去，可是，他们却再也没有回来，似乎已经知道了这一不幸消息，孩子们挤在一起不停地呼喊，将孤寂的山顶蒙上了一层深沉而悲伤的气氛。

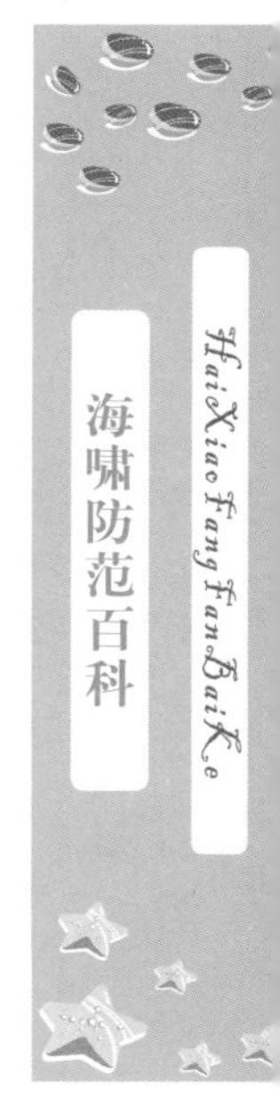

对于这场灾难，也许，会有幸存者存在这样懊悔的心态：倘使呆在山上的人们不那么重视这次节日而一直呆在山上，那么，海啸夺去的生命就不会那么多。但是，现在说什么都已经迟了，对于地震，日本民众从以往的恐惧，到习以为常，再到熟视无睹、漫不经心，几乎已经注定了这次灾难的结局。

4. 1960年智利大海啸

在南美洲西部，有一个长条形国家——智利，其南部多原始森林，为温带森林气候；北部为沙漠带，常年无雨；中间为纵谷，为亚热带地中海式气候，是一些主要城市所在地和工农业中心，其中，首都圣地亚哥，位于中部；东部为安第斯山脉西坡；西部为海岸山脉。智利南北长4200千米，东

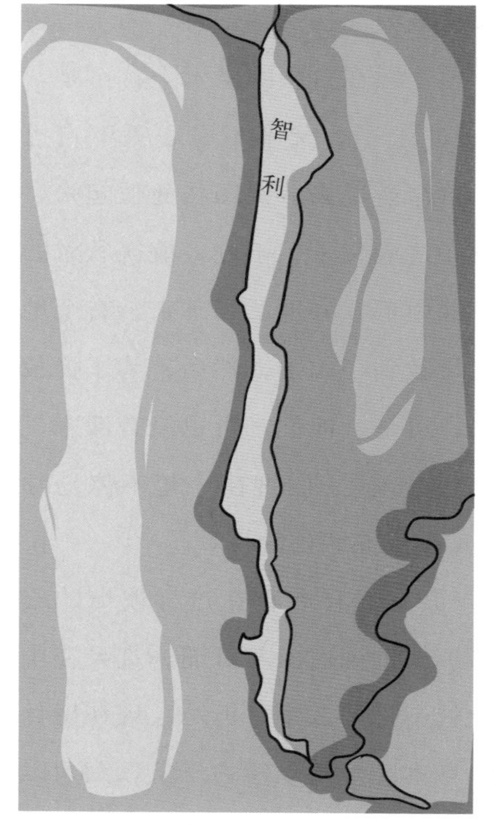

智利版图

西宽90～400千米。西濒太平洋，有4000多千米长的海岸线。其境内的活火山多，地震活动频繁。位于圣地亚哥以南约900千米的蒙特港是地震海啸的常发地。

人们都说，智利是上帝用“最后一块泥巴”创造的。此处的地壳总是处于不太平静的状态。按照“板块构造学说”的说法，智利是南美洲板块与太平洋板块相互碰撞时的俯冲地带。智利其他常见的自然灾害是由地震、火山喷发引起的海啸灾害。历史上，海啸曾多次袭击智利和太平洋东岸的海滨城市。

1960年5月，这个国家又一次遭遇了厄运的笼罩。从5月21日凌晨开始，智利蒙特港附近海底突然发生地震。此次地震极为罕见，有震级高、持续时间长、波及面积广的特点。直至6月23日，大地震持续了一个多月，才停下它肆虐的魔爪，在这段时间内，不同震级的地震先后发生了225次，其中，有10余次的地震，震级都在7级以上，有三次地震的震级

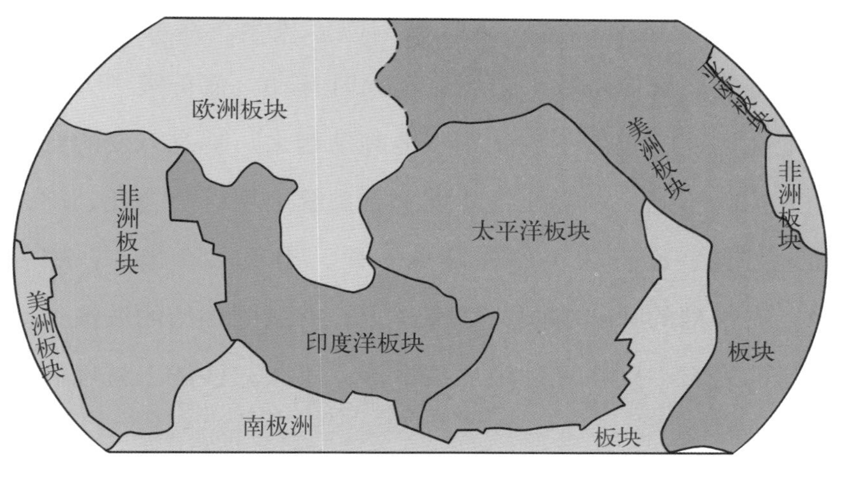

板块构造

在8级以上。

5月21日，在地震刚开始发生时，大地还只是轻轻地颤动，其震动比较轻微。但与以往的地震不同，这种颤动的发生是连续不断的。开始时，地震的来势不那么凶猛，人们还有时间进行躲避，没有造成太多的伤亡。接着，出现了震动越来越剧烈，震级越来越高的地震。惊慌失措的人们在这样强烈的震动下，站都不能站稳，他们摇摇晃晃地朝着室外奔逃。这个时候，地震震塌、震裂了一些不太结实的房屋，偶尔，一些慌不择路的人就会被砸伤或压死于倒下的房屋或其他坠落物，但那些建造得较为牢固的建筑物，则安然无恙地矗立在地震的强烈震动中。当这样的震荡持续不断地进行了两天后，人们就产生了松懈麻痹的情绪，同时，由于其破坏力不是很大，人们对于地震的恐惧不再像刚开始那样强烈，甚至，有人搬回了那些被震裂的房屋里居住。

5月22日7时11分，蒙特港的海底传来了震耳欲聋的响声，地震波就像是数千辆坦克车同时开动，使得震声大作。大地在震声响起后不久就剧烈地颤动起来。瞬息万变的景象让人惊叹不已。一会儿，陆地上有裂缝出现；一会儿，部分陆地好像一个巨人突然在翻身一样，出现了隆起。在峡谷中，有惨烈的呼啸响起；在海洋上，有激烈翻滚的波浪；而海岸的岩石，则在震动中崩裂滑落，不久，沙滩上就堆满了碎裂的石块。

在世界地震史上，这次地震是震级最高、震动最强烈的一次地震，当时，测定其震级为8.9级，后来，又将其修订为9.5级。智利海沟、蒙特港附近海底是它的发生地点，南北800千米的椭圆形范围都受其影响。持续了将近3分钟的强震，给智利的重要港口蒙特港的居民带来了严重的灾难，强震震塌了所有房屋设施，有许多人被埋在瓦砾中。

海滩的海水在大震过后忽然迅速地退落，露出了从来没见过天日的海底，在海滩上，可以看见一些鱼、虾、蟹、贝等海洋动物拼命地挣扎。一些有经验的人知道这是大祸即将来临的征兆，于是，为了能够躲避即将发生的新劫难，他们纷纷朝着山顶奔逃，或登上那些搁浅的大船。过了大约15分钟后，隐退的海水去而复还，顿时，滚滚而来的波涛汹涌澎湃，其浪涛有8～9米高，最高的达到25米。海岸线被巨浪呼啸着越过，瞬间，就吞噬了那些留在地面、港口和海边的人们，击碎了海边的船只、港口建筑物，智利和太平洋东岸的城市和农村都遭到了袭击。

随即，巨浪又如来时那般迅疾地退去，只要有海浪经过的地方，潮水就席卷了能带动的一切东西。在几个小时之内，海潮都如这样一涨一落，反复震荡着。刚被地震摧毁而变成了废墟的太平洋东岸城市，此时，又受到海浪的冲击，那些在地震中幸存的人，却被汹涌的海水卷走，淹死于大海中，而大船上的数千名避难者，在巨浪击沉大船的一瞬间，也不可避免地被吞没于波浪中。在太平洋东岸，以蒙特港为中心，在南北长800千米的范围内，海浪几乎将其洗劫一空。

地震发生后，西太平洋岛屿遭到了时速为700千米/小时的海啸的横扫。美国夏威夷群岛则在短短的14个小时，也遭到了侵袭。当海浪到达时，其波高达9～10米，夏威夷岛西岸的防波堤被巨浪摧毁，沿岸的房屋、树木被冲毁，大片土地被海水淹没。在24小时以内，海啸就到达了太平洋彼岸的日本列岛。在这个时候，海浪仍然有着十分强劲的力量，其波高有所减低，为6～8米，最高的为8.1米。日本诸岛被翻滚着的巨浪肆意侵略。巨浪破坏了本州、北海道等地停泊在港湾的船只、沿岸的多种建筑物，造成了极为严重的损失。

太平洋沿岸的俄罗斯也受到智利大海啸的波及。海啸在库页岛和堪察加半岛附近，涌起了高达6～7米的巨浪，不同程度地损毁了沿岸的码头、船只、房屋，也造成了不少人员伤亡。

菲律宾被海啸侵袭时，涌起的海浪达7～8米。遭到同样厄运的还有沿岸地区。中国受的影响较小，因为外围岛屿保护了我国沿海。但是，这次海啸引发的汹涌波涛都被东海、南海验潮站记录了。

智利大海啸是一场极为惨重的灾难，其影响范围之大，为历史上所仅见，它造成了5.5亿美元的损失，使数万人遇难。

1978年7月17日，西太平洋距离巴布亚新几内亚西北海岸12千米的俾斯麦海区发生了里氏7.1级强烈地震。20分钟后，接着发生了5.3级的余震。之后的一切，似乎恢复了平静，住在巴布亚新几内亚西北海岸与西萨诺泻湖之间狭长地带的近万名村民，却浑然不知更大的灾难即将来临。当时，一种异常的隆隆声由远及近，很多村民都以为不过是喷气式飞机降落，都出来看热闹，但转眼间，足有20千米长、10米高的巨浪就呼啸着横扫而来，绵延横亘在西萨诺泻湖与海滩之间的7个村庄顿时被巨浪淹没。仅几分钟的时间，西太平洋这座风光迷人的度假乐园就成了人间地狱。1万人中只有2527人生还，有7000余人遇难或失踪，生还者中有7成以上是成人，小孩幸免于难的极少。

1992年9月至1993年7月间，海啸前后3次袭击了太平洋沿岸的尼加拉瓜、印度尼西亚群岛及日本的Okushiri岛，巨大海啸一共夺走了2500人的宝贵生命。

（二）印度洋海啸专题

1. 突如其来的大海啸

2004年12月26日印度洋大海啸就来得那么突然，如今，人们仍然记忆犹新，谈其色变。

2004年12月25日是圣诞节，经过了一夜的狂欢，人们在黎明时沉沉地睡去了。可有谁能想到，这一睡，有多少人就再也没有醒过来。26日早上，朝阳依旧从东方海平面升起，这时候的印度尼西亚苏门答腊岛附近的海域看起来是那么风平浪静，和谐安详，没有任何的征兆来告知人们，一场灭顶的灾难即将发生。

印度尼西亚简称“印尼”，因为有约6000个岛屿适宜人类居住区，故而得了一个名副其实的名字：“千岛之国”。这些岛屿位于太平洋与印度洋之间的海域，西临广阔的印度洋。其中印度尼西亚苏门答腊岛是印尼的一个大岛，由东南向西北走向，如同一支箭卧于印度洋中，海啸就发生在该岛的西北角，就是箭尖的地方，一个叫班达亚齐特别区附近的海底。海啸来袭，如同咆哮的蛟龙，张着大嘴，无遮拦地奔向印度洋各国。所涉及的地区除了印度尼西亚外，还有从东向西沿途的马来西亚、泰国、缅甸、孟加拉国、印度、斯里兰卡、马尔代夫，非洲的索马里、肯尼亚、坦桑尼亚。而巴基斯坦、伊朗、阿曼、也门算是幸运儿，因为受印度半岛的遮拦庇护，损失较小。

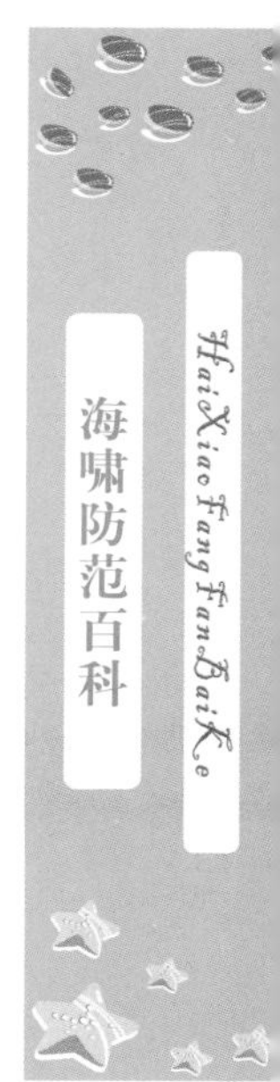

此次海啸是由海底发生大地震引起的。地震时间发生在世界时间，即格林尼治时间2004年12月26日凌晨0时58分，印尼当地时间为2004年12月26日上午7时58分，北京时间的2004年12月26日上午8时58分。震中位于北纬3.6度、东经96.28度，也就是印度尼西亚苏门答腊岛亚齐特别区的附近海域。震级为8.9级。

2. 海啸造成的损失

此次海啸规模大，波及范围广，印度洋各国损失惨重。

（1）印度尼西亚。

印度尼西亚位于亚洲东南部，首都是雅加达，全国共有岛屿17508个，有人居住的岛屿约为6000个，人口总数为2.17亿，世界第四人口大国，有100多个民族。一年四季都是夏天，环境优美，绿水青山很是宜人。但是印尼也是个多火山和多地震的国家。可谁也没想到会有这样一场空前的大地震，带来一场空前规模的大海啸，几乎是灭顶之灾。8.9级的地震发生后，10余次强烈余震也断断续续袭来。

强烈的地震引发的海啸，滔天巨浪如同恶魔般呼啸着拍向海岛及大陆，一瞬间众多岛屿，众多国家似乎成了海啸恶魔肆虐的游乐场。桥梁、建筑、树木等，所有的一切都被摧毁，交通、电力和通信，早已中断消失。在街道上的人四处奔逃，有的人从睡梦中惊醒，还有的人在睡梦中被淹没。据一名生还者说：早上的空气格外晴朗，万里无云，突然间海水就涌进了城市，水位有齐胸高。慌乱的人们四处逃散。猛烈的海水把一所监狱围墙冲毁，200多名囚犯乘机越狱。海水所到之处，房屋和建筑无一幸免，其中包括清真寺2580座，学校1662座，市场和售货亭1416个，政府大楼1412座以及医院诊所693座，共计12万座。人员更是伤亡惨重，遇难及失踪人数达24万人。

（2）斯里兰卡。

斯里兰卡是印度洋上的岛国，首都科伦坡，全国面积为6.5万平方千米，人口为1900万。它本是一个旅游胜地，有着浓郁的热带岛国风情及气息，犹如一颗镶嵌在印度洋上的璀璨明珠。

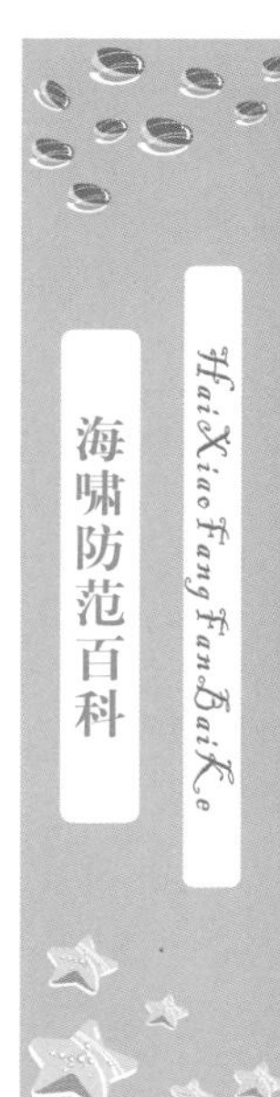

斯里兰卡发生的海啸

在这次印度洋海啸的灾难中，斯里兰卡是受灾最为严重的国家之一。它距离震中、海啸发生地印尼班达亚齐区约1600千米。百年不遇的海啸使斯里兰卡全岛，包括首都科伦坡在内无一幸免，许多沿海地区被淹没，其中东部的亭可马里、拜蒂克洛、安帕赖和南部的马特勒、加勒地区受灾最为严重，这次海啸中斯里兰卡共计3万余人遇难。

海啸来临时，高达10米的巨浪呼啸着冲向内陆，有些地方竟被侵进1000余米，伤亡惨重，被冲毁的房屋碎屑及家具漂在海面上，交通、电力、供水和通信等一度中断。其中损失最为严重的是亭可马里，水深达2米，数千人被迫逃离家园。还有斯里兰卡著名的加勒古城，整个城市变为一片汪洋。

（3）泰国。

泰国，首都曼谷。位于亚洲中南半岛中南部，面积为51.7万平方千米，人口为6500万，气候为热带气候，每年的11月到翌年2月是最佳旅游期。岛上90%以上居民信奉佛教，无论是建筑风格，人文风俗，文学艺术作品皆多和佛教有密切关系，被誉为“黄袍佛国”。

海啸来时，是普吉岛当地时间上午9时左右，大多数人在海滩上悠闲玩耍。忽然间十几米高的巨浪冲击过来，人们开始慌忙逃离，普吉岛顿时变得一片狼藉，建筑被冲毁，树木被连根拔起，交通工具等物品漂在海上，在普吉著名的娱乐区巴东海滩，海水将一些旅游大巴冲翻，并带着它们袭击临海的酒吧和饭店。被摧毁的房屋和被冲倒的树木及电线布满大街小巷。此外，更有数百名外国游客被困在另一叫“披披岛”的岛屿上。

据泰国官方公布，在这次海啸中，共计有5000多人遇难。

（4）印度。

印度面积近300万平方千米，海岸线长5560千米，拥有10.2亿人，位居世界第二，居民中有83%信仰印度教，11%信封伊斯兰教。

这次海啸袭击了印度东南部四个邦，由于人口密度高，共计遇难者人数达1.6万人。在此次灾难中，当时的印度政府总理立即指示军方派军舰和飞机给灾区运送食品与药品。同时，还派了5艘船救援斯里兰卡。

（5）其他受灾国家。

除此之外，马尔代夫、马来西亚、缅甸、孟加拉国，非洲的索马里、坦桑尼亚、肯尼亚等国家也都遭受了不同程度的破坏和伤亡，共计遇难人数500余人。

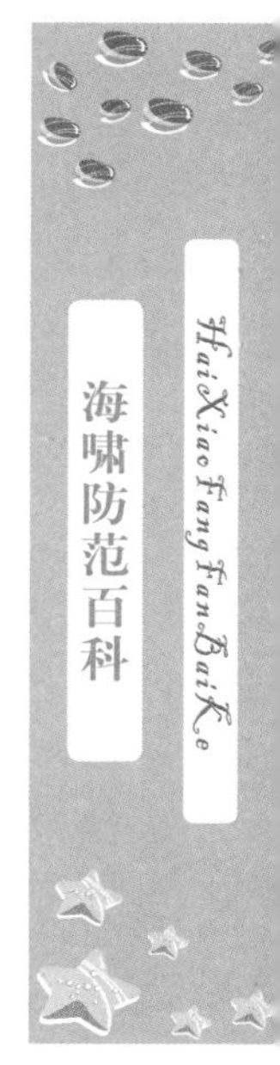

3. 世界各国的援助

（1）中国。

灾害发生后，我国立即由北京、上海、广州、天津等地派出医疗救援队和医疗队，分赴印度尼西亚、斯里兰卡、泰国等地，成为第一支到班达亚齐重灾区的医疗队。海啸发生后两个月内，我国相继向受灾国家捐助救灾物资500余吨，捐款12亿元人民币。

医疗队到班达亚齐后，不但对灾区人民进行救治，还协助班达亚齐医院的重建工作。在斯里兰卡的北京医疗队每天要接诊数百名病人。2004年12月31日赶赴泰国的上海医疗队，从到之日起便开始进行救护工作，受到当地灾民的普遍好评。

(2) 欧盟。

海啸发生后，欧盟及25个成员国向灾区派遣技术人员、医务人员及军人等救援人员，并承诺向海啸灾区提供15亿欧元的援助。其中法国派出了航空母舰及1000余名军人参与援救。英国派出3艘舰只及飞机等救援，并承诺提供1亿美元援助。

欧盟标志

(3) 美国。

灾情发生后，美国向印度尼西亚、斯里兰卡和泰国派遣3个军事评估小组，并且派出"林肯"号航母及5艘战舰，还派出C-17"全球霸王"22架运输机，军人1.5万名，提供资金援助9.5亿美元，并用卫星指挥地面救灾行动。

(4) 日本。

日本向灾区提供5亿美元援助，并向灾区派遣"自卫队”人员800余人以及飞机和三艘舰只进行救护工作。

印度洋海啸紧紧地将世界各国人民团结在一起，不分国界、种族、文化等的差异，考验、锻炼了各个国家和人民，也无疑为人类敲响了世界性的警钟——对灾难的预报、防御和救治意识决不能忽视，且要争取各种技术手段的提高，人们则要加强灾难的防治和自救常识，尽可能地避免灾害带来的伤害及损失。

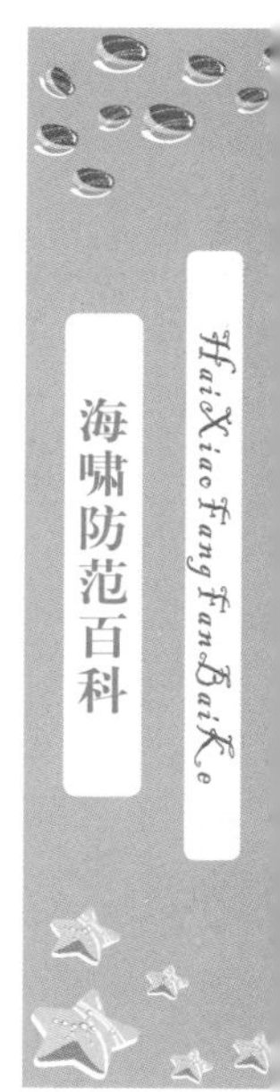

4. 海啸发生后的感人故事

（1）母爱的伟大。

伴随无情灾难而来的往往是感人肺腑的爱，亲情、爱情、友情仿佛都会在一瞬间得到升华。

谁会想到面对印度洋大海啸的惊涛骇浪，在大家都拼命往岸上跑的时候，会有一个柔弱的女子迎着浪涛跑去。

这是一张照片上的情景，传遍了全球各大媒体。

一堵白色的水墙从地平线上一直向泰国克拉比岛附近的哈特·莱雷海滩逼近，人们已经感觉到了情况不妙，纷纷向海岸方向逃生。惟独这个身穿比基尼的女子。“难道她疯了？”在尖叫声中，巨浪席卷而来，吞没了这个“自不量力”的女子。

所有人都认为她死了，但是人们不明白是什么样的力量让她迎浪奔跑，让她忘记了生死！

然而“上帝”给了我们一个奇迹，两天后一位英国记者在瑞典找到了这个女子，秘密也由此揭开。

她是瑞典的一名女警察，叫卡琳·斯瓦尔德。她和自己的丈夫以及三个孩子来度假，海啸发生时，她只有一个信念，必须救自己的孩子，于是出现了上面描述的一幕。

但是人与海啸的力量有天差地别，卡琳狂奔到离孩子近20米远时，咆哮的海浪将他们一起卷进了翻涌的水波之中。可是她仍然没有放弃，在苍茫的海水，白色的浪涛中寻找自己亲人的下落。约10分钟后，四处寻找亲人的卡琳突然发现，她的家人一个不少地被海浪卷到了一块高地上，这简直就是一个奇迹！说道此时，卡琳激动地说："感谢上帝！"

这如同神话中的故事来到现实中，不再是传说，我们看到了母爱的伟大，奇迹的出现是给予这母爱的最大回报。

（2）18岁女子靠吃野果坚持45天。

印度洋海啸造成的灾难是难以想象的，人们的生命、财产受到了严重的威胁与破坏，但也有奇迹发生。有一名女子在海啸发生的45天后获救，45天对于一个刚刚经历过灾难洗劫的地方是个怎样的概念？恐怕只能用恶劣，甚至更糟糕的词汇来形容！45天里她靠什么生存下来的呢？

这是一位印度安达曼群岛的18岁女子，名叫杰西。她的丈夫和一岁大的儿子在海啸中失踪，她跑进森林，躲过了海水的冲击，靠采食野果和椰子为生。

当她在45天后走出森林时，满眼是荒凉，村庄和房屋被冲走，岛上的人已经转移或者被海啸冲走。她昏倒在了海

18岁女子靠吃野果坚持45天

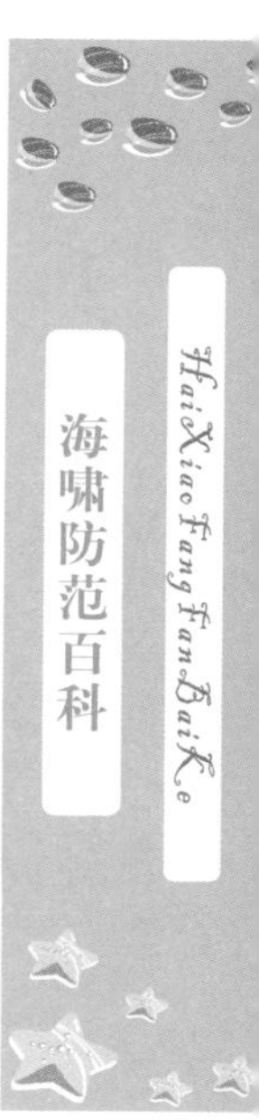

滩上，幸好被一名叫迈克尔的皮洛潘加岛居民发现，并将情况报告了送他上岛的船员，于是杰西获救了，她被送往康柏港，接受了紧急治疗。人们发现她除了体重下降，身体肿胀外，身上还多处被蚊虫咬伤。45天里只是靠吃野果、椰子和一些淡水得以存活下来。

这是多么坚强的一个女子，多么顽强的一个生命，这件事告诉我们在灾难来临时，不能坐以待毙，自救是争取生命最有效的方法。

（3）撕心裂肺的取舍。

人的一生中要经历无数次取舍，有些取舍轻而易举，有些取舍左右为难，更有些取舍是撕心裂肺的。

有一个很经典，但又很讨人厌的问题："亲爱的，快告诉我，如果我跟你妈妈一起落水，而且只能救一个的话，你会救谁？"不管对方怎么回答都觉得很为难，更不相信会有这种事情发生。

然而，又是那一天：2004年12月26日。泰国普吉岛海滨，来自澳大利亚的母亲吉莉恩却面临了类似这样的取舍。海啸来临，她和两个孩子一起陷入了激流中，而就在千钧一发之际，若要得救，她必须作出一个取舍，抱住其中一个孩子，而另一个则要放弃。

吉莉恩后来回忆说："我知道我必须放弃一个孩子，我最终还是决定放弃那个大的，一名女士还帮我抱了他一小会儿，但她也不得不放开他，因为她也被淹了。我大声尖叫，试图找到他。我以为他已经死了。"

吉利恩的大儿子抓住旅馆的一扇门活了下来

但是又一个奇迹出现了，海啸过去两个小时后，人们找到了吉莉恩大难不死的大儿子拉奇，他抓住旅馆的一扇房门活了下来。拉奇后来对他的父亲说：“我喊了妈妈很久，后来我就不出声了。”

我们试想一下当时的情况，如果换了我们自己，又当如何取舍，吉莉恩放弃了大儿子，而大儿子因为自己的能力活了下来，如果当初放弃的是小儿子，那么他是否还有希望活下来呢？一时间的取舍，不是利益之间的计较，除了理智，更多的是希望，撕心裂肺的抉择，谁都不愿面对，当不得不面对时，就必须有所取舍，而有时候取了，便是舍了；舍了，便是取了，就像拉奇活了下来一样。

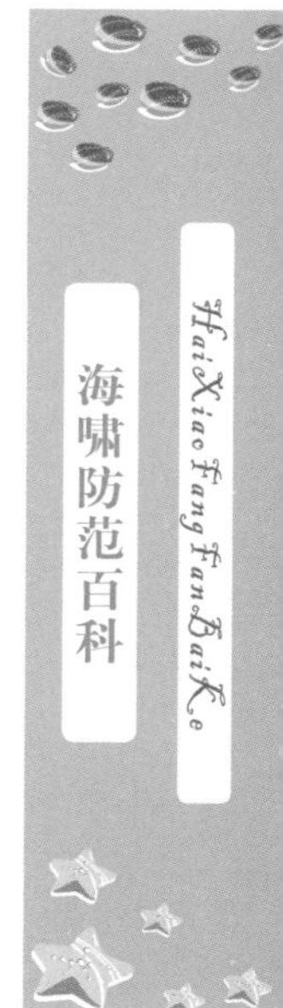

（4）信仰挽救了生命。

泰国有这样一群人，被周围的人称为“摩根海流浪者”。因为每年的4月到12月间，他们在岸上的小屋中度过，靠捕鱼捉虾为生。其他的时候他们就在海上“流浪”，从印度到印度尼西亚，然后再返回泰国。在5月份，他们要度过一个特别的节日——祈求大海的宽恕。这一节日源于一些古老的传说，其中的一个传说是：“如果海水退去的速度很快，那么它再次出现时的数量会和消失时一样多。”就因为“摩根海流浪者”们对他们祖先留传下来的传说深信不疑，而在海啸中幸免遇难。

12月26日，海啸到来之前，海水迅速地向地平线退去，人们惊喜若狂，纷纷去捡拾遗留在沙滩上的鱼虾等海洋生

摩根海流浪者

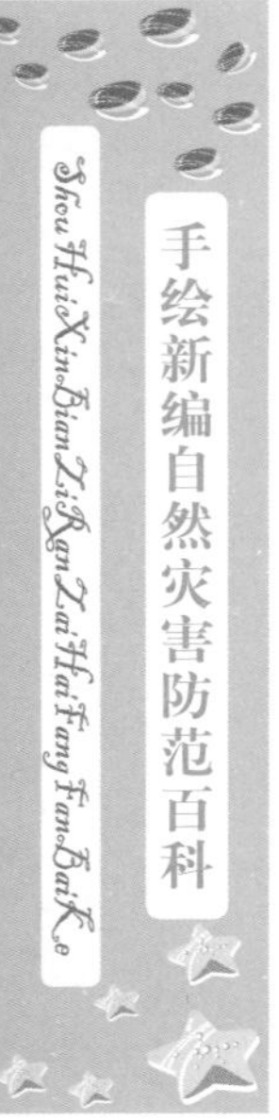

物，而“摩根海流浪者”们则迅速地向山顶出发了，所有的“摩根海流浪者”都获救了。

抛开传说，“海水异常退潮”这本是海啸来临前的预兆，可是在海啸发生的一瞬间，只有凭着对传说的信仰而逃生的“摩根海流浪者”，而并没有多少人因为常识而躲避了灾难，因为对于几代人都没有见过海啸的印度洋沿岸人来说常识已经不再是常识了。

由此可见，能挽救生命的不仅仅是常识，还有信仰，但人们不能仅依赖于信仰存活，信仰也有人文和民族的局限性，在当今发达的社会，要科学地看待信仰和传说，增强知识、提高警惕才是避免灾害的有效方法。

5. 印度洋地震海啸一周年专题

2005年12月26日是印度洋大海啸发生后的一周年，在这一天，全世界的悲痛和思念再一次回到了那片给予世界震惊的印度洋海岸。可是她依旧是蓝天白云，风平浪静，谁会相信这样美丽的白色沙滩，会忽然卷起滔天巨浪，侵袭十几个国家，冲毁城市、村落、房屋、设施还不算，还吞噬了29万条活生生的生命，给人类带来了难以估量的损失。虽然海岸极力地掩藏着自己的罪恶，但是人们忘不了一年前的那一天，一年后，这片海滩上不再有喧闹和欢笑，有的只是人们悲痛的哀悼。

印度尼西亚班达亚齐特区首府班达亚齐当地时间上午8时16分，这个时间是海啸第一个巨浪拍击到亚齐海岸的时刻，来年的这一刻印度尼西亚总统苏西洛在班达亚齐市郊一座清真寺内举行了悼念仪式，在场的数百名官员和民众一起为在灾难中逝去的生命默哀了一分钟。

苏西洛总统说："就在这片蓝天下，整整一年前，大地母亲向我们释放了最具破坏性的强大力量。袭击从一场大地震开始……但那只是后来恐怖灾难的序幕。"随后苏西洛总统拉响了新建成的海啸预警系统警报，明亮的声音响彻了亚齐海岸，却是那样的凄厉，使闻者无不落泪，印度洋海啸灾难中，亚齐作为海啸首当其冲的攻击对象，受到的创伤最为严重，死亡人数近17万。如果那时候有这个预警系统，就不会有那么多生命在灾难中逝去。

也是在一年后的这一天，泰国海岸摆满了白兰花束和茉莉花环，每一朵花儿都似饱含了哀悼者的眼泪。2004年12月26日，当地时间上午9时，海啸无情地席卷了泰国六个省的海岸，来年的那一刻，泰国举国默哀一分钟。寂静的海岸，轻轻拍打岸边的海浪，似是逝去人们寄托而来的轻轻思绪。人们将鲜花轻轻地自怀中捧起，呈献到沙滩上的纪念碑前，将寄托着无限思念和祝福的花船缓缓推入大海，凝泪望着它们漂向大海深处。

泰国人举国默哀一分钟

泰国时任总理他信在悼念仪式上说："希望所有的海啸遇难者在另一个世界里安息。"

晚上8时，泰国公主乌汶叻来到邦娘海滩，她在海啸中失去了自己的儿子，怀着一个母亲对儿子的思念，她鼓舞泰国人民和所有走过海啸的人们，要勇敢地面对生活。

斯里兰卡政府在首都科伦坡以南90千米处的海啸重灾区佩拉利亚村举行仪式，仪式隆重且庄严，深切地悼念了印度洋地震海啸逝去的生命。

总统拉贾帕克萨在纪念仪式上说："斯里兰卡是仅次于印尼的重灾国家，灾难发生后，我国人民团结一致，很快恢复了电力、铁路运输及清理废墟。总统对所有援助国家和人民表示感谢。"在仪式上，降半旗，且默哀2分钟志哀后，总统宣布启动"成功斯里兰卡"项目，该项目对灾后重建工作起到了很好的推动作用。

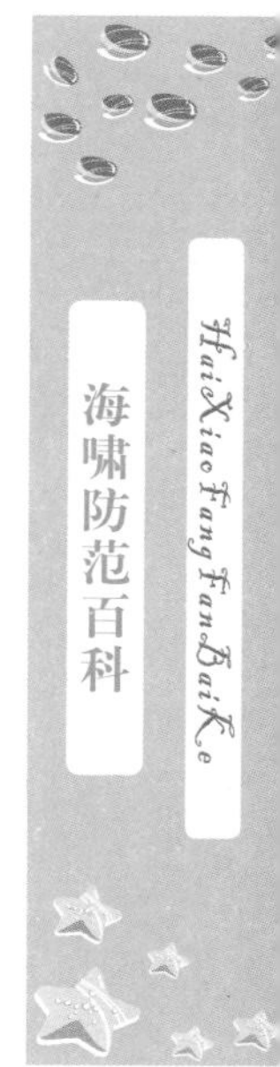

12月26日，马尔代夫在首都马累市南部一个码头举行仪式。马尔代夫总统加尧姆在纪念仪式上说："政府会进一步加快重建步伐，尽快恢复生活秩序。"并向所有伸出援助之手的国家和人民表示深深的感谢。9时20分，也就是海啸袭击马尔代夫的时刻，总统和全国人民默哀1分钟，并举行了"团结纪念碑"奠基仪式，悼念海啸死难者。

6. 海啸让他们更坚强

印度洋海啸发生后的一年里，人们并没有坐以待毙，凶猛的海啸并没有摧垮人们的意志，反而使人们更加坚强，并采取了一系列的努力。一周年后，印度尼西亚、泰国成功地对海啸预警系统进行了演习。

（1）印度尼西亚。

一年后的印度尼西亚已经在亚齐地区设立了6个海啸预警系统，可在地震发生5～10分钟后提供海啸预警通报。2005年12月26日这一天，总统苏西洛正式启动了亚齐海啸预警系统。到了2006年时，已有15个预警系统投入运行。2007年，印度尼西亚已经拥有了完整的海啸预警系统，其中测震站有160个，深海安装的海啸预警系统有15个及传送海啸警报的装置有42个。系统设备由德国、日本、中国、法国、美国及其他国际机构协助兴建。

（2）泰国。

一年后的泰国不仅在普吉岛上建起了9座海啸预警塔，还在距普吉100千米的攀牙省建起了8座海啸预警塔。一旦有地震或海啸发生，警报就会响起，预警塔的警报铃声可传到塔周围1500米的范围。听到警报后，人们应及时采取避难措施，避免伤亡事故。至一周年纪念日为止，预警系统已经进行过多次演习，且表现效果良好。泰国于2006年在南部度假海滩建起72个海啸预警塔，以此重振泰国的旅游业，让游客们觉得安全放心。

（三）世界各国的海啸灾难

1. 地球上有记载的大海啸

自地球形成到如今有过无数次各种各样的海啸，但是人类关于海啸详细的记载，只是在最近的100多年来才出现。其中记载的大海啸见表1。

表1

时间	地点	波高
1755年11月1日	葡萄牙里斯本	波高15米
1883年8月27日	印度尼西亚喀拉喀托火山	波高40米
1896年6月15日	日本三陆	波高24米
1906年1月31日	哥伦比亚图马科	
1908年12月28日	意大利墨西拿海峡	波高12米
1933年3月2日	日本三陆	波高29米
1946年4月1日	美国阿留申群岛	波高35米
1960年5月22日	智利	波高25米
1964年3月28日	阿拉斯加湾	波高30米
1992年9月1日	尼加拉瓜	波高11米
1998年7月17日	巴布亚新几内亚	波高49米
2004年12月26日	印度尼西亚苏门答腊	波高34米
2011年3月11日	日本东北部海域	波高37.9米

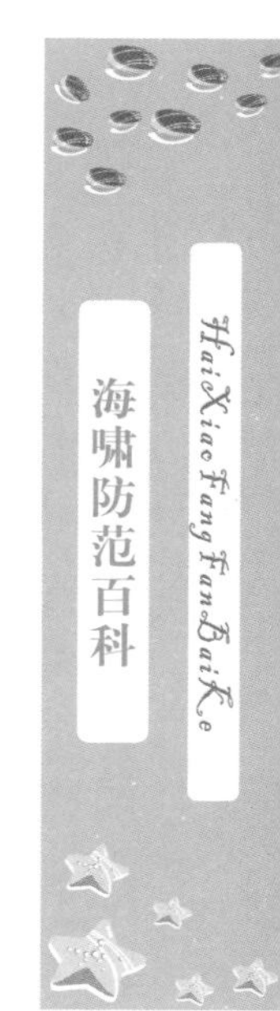

2. 欧洲墨西拿海峡地震海啸

发生地震的墨西拿海峡位于欧洲地中海区域的意大利西

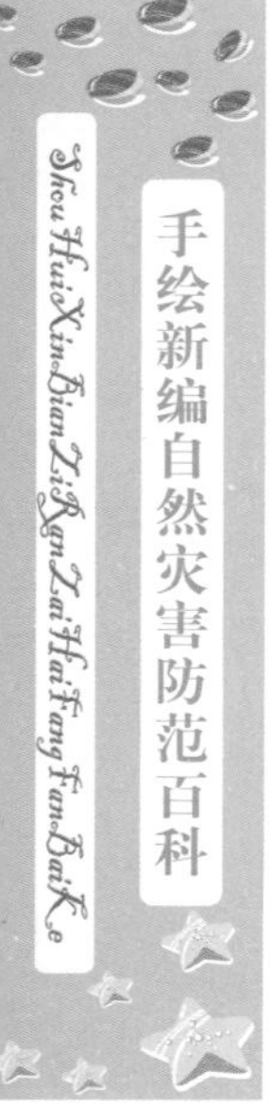

欧洲墨西拿海峡地震、海啸

西里岛与意大利本土之间，历史上这个地区曾发生过两次大地震，并引发严重的海啸灾难。

1783年2月5日，墨西拿海峡发生大地震，并引发海啸和洪水灾害，同年4月8日，地震再次影响到人们的生活，两个多月的地震和海啸的折磨，直接死亡人数3万多。其实这次地震是墨西拿海峡及周围地区发生的一场可怕的连续地震，从1783年2月5日一直持续到3月28日，大地震共计6次之多，随后余震1200余次，直到1786年10月，大地才恢复平静。

1908年12月28日凌晨5时，墨西拿海峡再次发生大地震，震级为7.5级，大地震同时引发巨大海啸，巨浪高达12米，此次海啸造成8.5万人丧生，是有史以来，欧洲因地震海啸死亡人数最多的一次，也是20世纪，世界因地震海啸死亡人数最多的一次。

3. 日本地震海啸

全球70%的地震分布在环太平洋地震带，所以我们不得不说太平洋是一个孕育地震的“摇篮”。而在这个地震圈里，日本因为位于靠近太平洋俯冲带地段，所以最容易受到地震海啸的侵扰。

1498年9月20日，日本东海道海底发生8.6级地震，并引发大型海啸，波高达15～20米。海啸在伊势湾冲毁建筑1000多座，造成5000人死亡。此外海浪侵入伊豆内陆达2千多米，属三重县的伊势志摩受灾惨重，据静冈县《太平志》记载，此次海啸致2.6万丧生，其中三重县溺死1万余人。

1923年9月1日，日本关东大地震引发海啸，震级为7.9级，海啸造成大小港口瘫痪，5万人丧生，8000余艘船只沉没。

1933年3月3日，日本明治三陆发生8.1级大地震，虽然距1896年地震的震中不远，但与上次不同的是，这次地震是由正断层引起的，而明治地震是逆断层。这次地震造成4972座房屋损毁，3064人丧生，流失船只7303艘。

1983年5月26日海啸发生的地点有些特殊，并没有产生在太平洋一侧，而是在日本海。海啸在日本海沿岸引起了高达6米的海浪，从北海道到九州都可以观测到这次海啸，这次海啸损毁建筑物3049座，104人丧生或失踪，324人受伤，损毁船只706艘，总共损失了约1800亿日元。且不仅仅是日本，这次海啸对朝鲜半岛和苏联都有影响。但是在海啸发生时，苏联已经接到了海啸警报，故而命船只全部立即驶向外海，因此没有造成任何损失，而朝鲜半岛造成了2人失踪，51艘船只受损，但对于朝鲜半岛而言已经是有史以来最大的海啸灾害。

1993年日本海再次发生地震，并引发了海啸，此次灾难造成日本230人死亡或失踪，朝鲜33只船舶损毁。

2011年3月11日，日本发生了里氏9级的地震，并引发了海啸，截至3月18日，死亡人数近6000人，失踪10000多人，造成核电站事故，引发核辐射，对人类健康造成极大威胁。

4. 其他地区引发的海啸

1946年4月1日，位于太平洋北面的阿留申群岛附近海底发生了7.3级大地震，并引发海啸，历时45分钟，海啸到岸，首先袭击了阿留申群岛最东侧的乌尼马克岛，摧毁了钢筋混凝土建成的灯塔和高32米的无线电差转塔。紧接着海啸迅速袭击了附近的夏威夷岛，造成159人丧生，488座建筑物损毁。

灯塔

1998年7月17日，位于西太平洋的巴布亚新几内亚西北的俾斯麦海海底发生了7.1级大地震。20分钟后又发生了5.3级地震。2次连续地震过后似乎一切又平静下来，住在巴布亚新几内亚西北海岸与西萨诺湖之间狭长地带的近万村民，听到那由远及近的隆隆声，却没有想到是灾难的来临，还以为是飞机，且纷纷出来看热闹，但是突然间20千米长、10米高巨浪迎头打来，一瞬间海水淹没了7个村庄，1万余人中死亡7000多，仅有2000多人死里逃生。

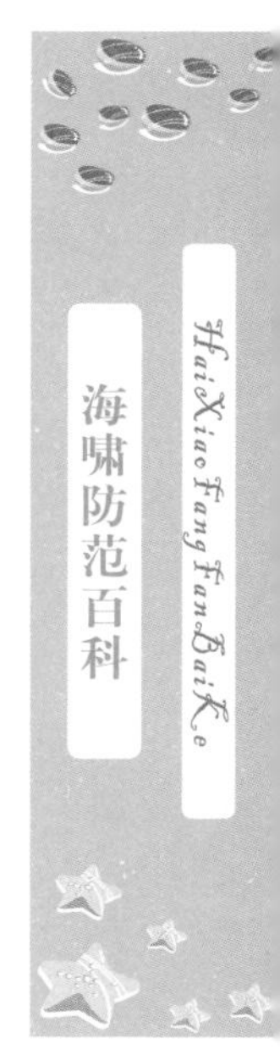

（四）面对灾难，人类需要反思

每一次大灾难的来袭，人类都经受着几近于毁灭性的打击，2004年末，印度洋发生了空前的特大海啸灾难，波及几十个国家，许多生命因此而折损。在得到世界各国和人民救助的同时，人们也不禁问了千百遍：人类对这样的灾难真的是束手无策吗？

很多学者认为，只要建立完善的预警机制，就能避免悲剧的发生。例如，在印度洋海啸发生时，一个远在新加坡的科研人员，得知大海啸即将来临，于是他拿起电话通知了家乡的父母，这个处于重灾区的渔村没有一个人死亡，这说明这次海啸是可以预报的，地震波通过海水从印尼传至数千千米外的泰国、印度、斯里兰卡等国，用时至少要90分钟，90分钟是怎样的概念，大部分人逃命只需要20分钟就足够了。时间就是生命，哪怕只有1分钟的时间，也可以有成千上万人

面对大自然的一次次警钟

获救。可见海啸预警是何其重要。而这次受难的国家里，不但疏忽了海啸的防御措施建设，而且也没有很好地普及海啸的预防和自救知识。

日本是一个多灾的国家，由于地震和海啸频发，因此对于灾难预防和国民救护灾难方面的教育相当重视。在日本东京都防灾中心大厅中的醒目标语是：面对灾害，首先是自救，其次是互救，最后才是政府救助。这句话说得非常有道理，对于灾区的人民，面对灾害，若是只等待政府的救援，那一定是被动的，很多时候会因此丧失延续生命的良机。

人生活在地球上，称自己为“万物灵长”，而在灾难来临时，却不如一只甲壳虫会保护自己，会躲避灾难。人们不断深思，不禁又有了更多的疑问：印度洋的海啸到底是天灾还是人祸？

从某些方面来看，地球地壳的运动是人力无法左右的。那么除了预警措施的不完善，人们避险意识的浅薄外，就一定是天灾了，与人无关！人类只是无辜的受害者！可是事实并非如此，虽然地壳内部存在潜在的危险，但是人类对海洋周边环境的过度开发和利用，对诱发海啸灾难难道就真的一点责任也没有吗？

我们且看，这次受灾最严重的两个国家——泰国和斯里兰卡，这两个国家都有对附近海域过度开发而破坏海洋生态的记录，这说明了什么？人类的兴衰有一半掌握在人类自己手中。

2004年12月26日的大海啸给全人类带来不可估算的伤痛，在受到深深震憾的同时，人们也开始学会了反思，我们的科技，我们的知识，我们对自然的认识，难道就真的不能“防患于未然”吗？为什么我们总是那么被动呢？从古到今，我们获取了无数的进步，可是在获取的同时，我们又失去了怎样的文明呢？

遥望史前，地球经历了许多次毁灭性的打击，一颗小行星与地球的撞击导致了恐龙的灭亡。而在当今科学庇护下的人类也曾这样虚惊一场，2000年，一颗从火星与木星中间产生的小行星碎片与地球擦身而过，科学家们发现它时，是它飞临地球的5天前，这不能不说是一件值得庆幸的事情，如果

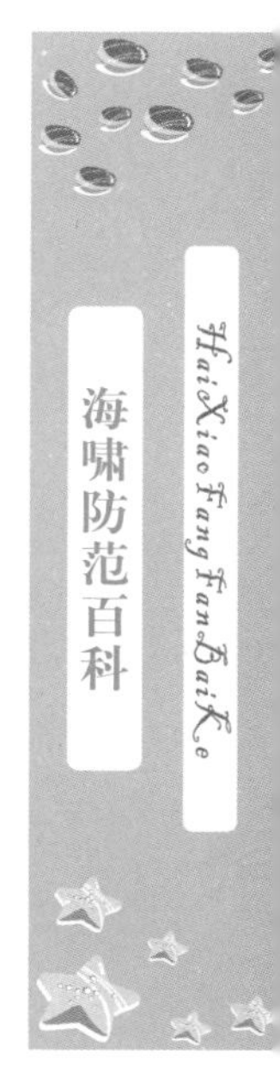

这颗行星撞在地球上，那么人类的结果恐怕和恐龙没什么两样。可见，科学技术发达的今天，人类对于自己的命运还是难以控制。

虽然从古到今许多天灾是人类无法避免的，就如同小行星撞击地球。但除此之外，人类给自己带来的灾难却比天灾多得多。有数据表明，随着科学技术的发展，人类所面临的灾难次数也呈上升趋势。环境污染、温室效应都是因发展而导致的结果，很难说不是人类灭亡的必然导火线。那么人类该如何解决它的问题已经迫在眉睫。

再者，就是人类忽视了自己的“第六感”，这是一种对自然界变化的敏感能力。我们常常以动物的异常行为作为灾难来临前的预兆，因为动物可以敏感地察觉到自然的变化，得知灾难即将来临，所以早早地逃之夭夭。而人类并不是没有这样的能力，而是随着科技的发展，人类因为依赖而舍弃了这样的能力。

这是发生在印度洋海啸时候的一件真实的事情，斯里兰卡因海啸失去了3万多人命，然而，在距离海岸3千米远的亚拉国家公园，这座斯里兰卡最大的野生动物保护区里，却没有发现一具动物的尸体。海啸过后，公园已经是一片狼藉，可是动物们却都平安无恙，这是一个生命的奇迹，还是动物们有强烈的第六感呢？

不仅仅是在海啸前，火山和地震等灾难来临前，动物们都会迁往高处或者安全地带，尤其是鸟类，对灾难的敏感性

人类忽视了自己的第六感

非常强。这些低级动物都能躲过劫难，而生为世界主宰的人类却死伤无数，在灾难来临前毫无察觉！

面对这种“本能”，在努力改变着世界的人类，在努力扩展生存空间的人类，想凌驾于万物之上的人类，却丧失了感知灾难的本能。

事实证明，我们的祖先——古人类的许多本能随着现代物质和科学手段的发展而丧失。

我国《尚书》中记载了这样一个故事：周武王在征服商纣王的两年后，患了重病。其弟周公姬旦曾经筑坛祷告，愿以身代，然后将祝文封入金縢箱内。结果武王病愈，周公也未死。数年后，武王驾崩，周公的兄弟管叔等人散布周公的流言蜚语，迫使周公不得不前往东部。那一年秋天，收获在即，可忽然起了大风雷电，庄稼在狂风中倒伏，大树被连根拔起，民众惊恐万分。周成王和大臣们皆穿起礼服准备行卜礼，按惯例先开启金縢箱，结果发现了周公愿代武王以死的祝文。至此，成王深感自责，于是决定前往东部迎回周公。成王的御驾刚出到城门外，天下起了雨，奇迹也因此出现了，风向反转了过来，已经被刮倒了的庄稼又重新立起，这一年仍然是大丰收年。

抛开这其中的神话因素，我们也不难看出这其中蕴含的深刻道理。当人能顺“天意”而行时，天授于他“神力”。人逆“天意”而行时，天将降罪于他使其受到惩罚。例如，在尧的年代里，洪水经常泛滥。鲧在四方诸侯的推荐下担任了治水的职务。可惜鲧违背了水往下流动的本性，采用堵塞的办法，根本不行。后来舜命鲧的儿子大禹治水，由于大禹能够顺应自然之理，顺应水的流动规律、采用疏导的方式治水，于是他不但把水治理得“服服帖帖”，还把国家管理得井然有序。

科技发展虽然是人类进步的必然，但我们也不能因此而沾沾自喜，忽视了自然规律和生态平衡的重要性，更不能任人类对天地自然的灵性在今天的物欲横流中消失殆尽。